下関から見た
福岡・博多の
鯨産業文化史

岸本充弘

海鳥社

扉写真＝那珂川から中洲方面を望む（福岡市）

はじめに

　古来，海に開けた国際都市であり商都であった福岡・博多では，中世より小型のイルカ漁が行われた形跡があり，江戸期には西海捕鯨と長州捕鯨の中間点であった商都としての特性を生かし，鯨肉，鯨油の集積基地の役割を果たしていた。その背景として当時の福岡藩が鯨の高い商品価値と，収益性の高い事業であると認識していたことがうかがえる。また，福岡・博多は昭和初期から戦前にかけて，鯨における流通・加工の拠点地であり南氷洋捕鯨の基地として，マルハこと大洋漁業の城下町でもあった下関及び日本水産の拠点であった北九州の，いわゆる関門地域とともに鯨を担っていた鯨産業都市である。福岡・博多の代表的な料理である筑前煮などにもかつては鯨が使われており，今では福岡・博多の名産品である辛子明太子の業者も，かつては多くが鯨屋であったという。本書では，主に近代捕鯨以降に重点を置き，近代捕鯨の発祥地である下関から見た視点を加えて福岡・博多における鯨産業文化史の一部を辿っていきたいと考えている。
　また，あわせて福岡県香春町を事例に山間部における鯨食文化の検証も行った。三方を山に囲まれ，かつての炭坑地域でありセメント産業の拠点地であった香春町は，九州北部の交通の要衝地として，また田川郡の政治・経済の中心地として発展してきた。この地域では明治以降開発された炭坑やセメント産業に従事する労働者を中心に，その蛋白源や塩分補給を目的として塩鯨が消費されていた。山間部である香春町に鯨食文化が発達したのは，産業立地による労働者と峠越えによる外部からの物資流通経路の存在があったためであると推察され，

その鯨食文化は現在においても細々と引き継がれている。

　さらに，昭和30年代を中心とした捕鯨従事者待遇についても辿ってみた。2007（平成19）年下関市立大学に設置された鯨資料室に，元捕鯨労組委員長より，捕鯨労組関係資料一式が寄託された。その資料から，我が国における商業捕鯨全盛期の昭和30年代における捕鯨従事者の待遇と各種手当てなどの一端が明らかになった。そこには，捕鯨という特殊な業務が反映された，他業種にみられない特異な賃金等の存在があった。

　本書に掲載したこれら３つのテーマは，以前私がそれぞれのテーマで執筆した研究論文を加筆修正し，読みやすくするために手直ししながらまとめたものである。鯨という共通テーマでつながるこれらのことから見えてくるものは，いったい何であろうか。

目　次

はじめに　3

第1章　下関から見た福岡・博多の鯨産業文化史

1　本編に入る前に ——————————————— 9

1）福岡・博多の鯨産業文化史の背景に見えるもの　9
2）福岡・博多のあゆみ　11

2　福岡・博多における鯨産業文化史を検証する ——— 13

1）西海捕鯨，長州捕鯨と博多　13
2）近代式捕鯨と福岡・博多の役割　17

3　福岡・博多の鯨文化を検証する ——————— 31

4　下関から見た福岡・博多の鯨産業文化史 ——— 36

第2章　福岡県香春町における
　　　　　鯨食文化発達の背景と地理的特性を探る

1　福岡県香春町の歴史を辿る ——————————— 41

1）歴史を辿る前に　41
2）香春町の歴史的変遷　42

2　香春町における鯨食文化の検証 ──────── 45

　　　1）地理的特性（流通経路，購入方法など）　45
　　　2）産業立地と労働者の食文化　48
　　　3）現在の鯨食文化の状況　52

　3　香春町における鯨食文化発達の背景と地理的特性 ── 52

第3章　昭和30年代の捕鯨労組資料に見る
　　　　捕鯨従事者の待遇について

　1　検証の前に ──────────────────── 55

　　　1）捕鯨労組資料の背景に見えるもの　55
　　　2）昭和30年代の商業捕鯨の状況と捕鯨関連労組　57

　2　捕鯨従事者の待遇を検証する ─────────── 60

　　　1）捕鯨従事者と労働協約などにみる特殊賃金など　60
　　　2）他会社，他業種などの比較による待遇の検証　64

　3　捕鯨従事者の待遇から見えてくるもの ──────── 70

【注】　73
【参照文献】　74

おわりに　77

下関から見た
福岡・博多の鯨産業文化史

第1章

下関から見た福岡・博多の鯨産業文化史

1　本編に入る前に

1）福岡・博多の鯨産業文化史の背景に見えるもの

　私は以前拙著『関門鯨産業文化史』などの中で，日本国内における有数の鯨産業都市として，関門海峡を挟んで近接している下関及び北九州地域の鯨産業発達形成過程の検証を行った。その中で，鯨産業都市としての歴史的経緯や鯨文化の具体的な検証を行い，鯨産業・鯨文化形成メカニズムの一端を明らかにしたうえで，鯨を生かした地域再生へ向けての政策提言を行った。その調査過程において聞き取りや文献に常に出てくるのは，福岡・博多の鯨文化の存在であった。

　福岡・博多と言えば九州を代表する商業都市・国際港湾都市であり，いまだに成長を続けているその姿は，他都市から羨望のまなざしで見られることも多い。しかしながら，鯨といえば九州では古くからの古式捕鯨で有名な長崎の五島，生月，佐賀の小川島などのイメージが強く，鯨と福岡・博多をつなぐイメージの希薄さを感じている方が多いのではないかと思う。それならば福岡・博多と鯨の関係は，実際どのようなものであったのか調べてみよう——という素朴な疑問から本書

はスタートしている。

　本書のタイトルにある福岡・博多の名称であるが，時を遡り，福岡藩主・黒田長政は関ケ原の戦いの功績により備前国を与えられ，その居住地名が福岡であった。そのことから福岡に築城した城を福岡城と命名し，その武家が立ち並ぶ一帯を福岡と呼び，町人の町・博多と相対していた。一方，博多の地名は8世紀（奈良時代）に登場する古いものであるが，本書では現在の博多の地名が福岡の文化を一種代表する固有名詞になっていることを鑑みて，福岡・博多と併記する名称で統一することとした。

かつて福岡と博多を区切っていた那珂川から中洲方面を望む。中洲は那珂川の中洲が埋め立てられたもの

　ところで，江戸期において現在の福岡・佐賀・長崎県を中心に行われた西海捕鯨，山口県北浦を中心に行われた長州捕鯨の地理的にちょうど中間に位置し，西日本屈指の商業都市でもあった福岡・博多では多くの鯨が集荷されていたことが推察される。そのことは鳥巣京一氏著『西海捕鯨の史的研究』など氏の著書，論文などでもかなり詳細に明らかにされている。しかしながら近代捕鯨以降，主に産業を中心とした捕鯨業及び鯨関連産業は，遠洋捕鯨基地であった関門地域をはじ

め，大洋漁業，日本水産が冷凍工場や生産拠点を置いていた東京，横浜，大阪，神戸などの大都市周辺部にその主力が移ったため，福岡・博多での鯨産業・鯨文化については不明な点が多い。現在では福岡・博多を代表する名産品となった「辛子明太子」を扱う業者も，その多くはかつて「鯨屋」であったという記述も目にした。『福岡市史』などによれば，辛子明太子は朝鮮半島東側の食物で，博多や下関などの西日本の水産都市には古くから伝えられていたが，博多の辛子明太子が全国的に有名になったのは，1975（昭和50）年3月の新幹線の博多乗り入れ以降である。当時の世界情勢として次第に大型鯨種の国際的規制が強化され，捕鯨を取り巻く環境が悪化し，捕鯨自体が厳しくなりつつあった鯨から，将来性がある「辛子明太子」に先を見出そうとした福岡・博多の鯨業者の思いも垣間見える。

　そこで本書では，福岡・博多における鯨産業文化史について歴史的に概観しながら，主に近代捕鯨以降を中心とした福岡・博多の鯨産業文化史について辿り，福岡・博多が産業としての「鯨のまち」であったのか否か，また，あわせて福岡・博多における鯨文化はどのようなものであったのかを追ってみた。また，福岡・博多に近接している下関，北九州の関門地域が鯨の産業都市として発展してきた地理的・歴史的経緯を踏まえ，鯨のまち下関から見た視点を織り交ぜながら，両地域でどのような相違点があったのか，福岡・博多の鯨産業文化史と対比させる視点で辿ることを試みた。

　2）福岡・博多のあゆみ

　江戸期に福岡藩50万石の城下町として，また，西日本有数の商都でもあった福岡・博多は古来大陸と密接な交流関係があり，7世紀頃から外国船出入りの日本国内における主要な港の1つとして発展する。

白水晴雄氏著『博多湾と福岡の歴史』などによれば，日本三大津の1つと言われた那の津は博多津とも言われ，遣隋使，遣唐使，留学僧の船出地であり，海外貿易による大陸文化の陸揚地でもあった。

　福岡・博多は，地方としては当時最大の役所であった大宰府を背景とし，唐や朝鮮からの使節は博多に建設された筑紫館（後の鴻臚館）で供応されていた。筑紫館が面する那の津の名称として博多大津の名が登場しており，『続日本紀』の警固式成立年代によれば，732年に「土地が広く人口が多い」ということを意味している「博多大津」が成立する。さらに12世紀には平清盛が「袖の港」と呼ばれる波方の港を設置し，ここで宋商人との貿易が行われた。15世紀に入ると明国との間に通商条約が結ばれ，国内では博多を基点の1つとして勘合貿易が始まる。

　戦国時代に入り1569年，毛利，大友の両軍の戦いにより博多は廃墟と化すが，豊臣秀吉により博多再興の町割りが行われ，近世都市・博多として復興をとげる。その後江戸時代には，黒田如水を始祖とした福岡藩（黒田藩）が築城した福岡城を中心に福岡・博多のまちが形成

黒田如水によって築城された福岡城跡

され，那珂川をはさんで筑前第一の手工業的な生産，消費都市，文化都市であった町人の町・博多と武家の町・福岡が相対し，独自の文化が生まれることとなる。貝原益軒の『筑前国続風土記』(1709年) によれば，1690年の筑前の人口は29万3091人で，このうち武家を中心とした福岡町人数は1万5009人，町人を中心とした博多町人数は1万9468人であったという。

　近代に入り1883（明治16）年，博多港は対朝鮮貿易の特別港に指定され，国際港湾都市へ向けての足がかりをつかんだ後，1889（明治22）年市政施行を敷き福岡市となる。また，同年博多港が特別輸出港，1896（明治29）年に特別輸入港の指定を受け，1899（明治32）年開港に指定されたことで対外貿易港としての地位を確保することとなる。戦後，福岡・博多はいち早く復興を遂げ，九州最大の商都としてのみならず，東アジアを代表する国際港湾都市として発展し，現在もなお成長を続けている。

2　福岡・博多における鯨産業文化史を検証する

1）西海捕鯨，長州捕鯨と博多

　福岡・博多と鯨の関わりを探っていくと，実はかなり古くから鯨とゆかりのあることがわかる。「市史研究ふくおか」第3号所収の富岡直人，屋山洋両氏の論文「人と動物のかかわりを博多遺跡群に探る」によれば，既に中世段階でイルカ類やゴンドウクジラなど，小型から中型のクジラ類の捕獲が博多周辺海域で行われており，その後それらを素地にクジラ・イルカ漁が成立した形跡があるという。また，古代

の遺構群だけでなく13世紀以降の遺構群より検出された資料には，鯨骨などに切創や骨自体を完全に切断する刃物傷が極めて多数発見されており，イルカ漁が福岡・博多周辺でも行われ，鯨肉，鯨油などをかなり古い段階から食用，灯明用，殺虫用として利用していた可能性がある。

　一方，大規模で組織的な捕鯨となると，九州では大村の深沢儀太夫が1617（元和3）年に突組の方法により，大村，福岡，松浦で捕鯨を始めたとされる。また，徳見光三氏著の『長州捕鯨考』によれば，元亀年間である1570年頃現在の山口県北浦地域で長州捕鯨が始まり，長門の通，瀬戸崎，川尻，島戸浦などで漁獲された鯨肉が，早手船によって下関，芦屋，博多の諸港に回漕され，各所の問屋に入れられ売捌かれていたとされる。このことは16世紀以降，福岡・博多が既に古式捕鯨における鯨肉の集積基地として機能していたことになる。

　これを裏付けるものとして鳥巣氏の著書などによれば，福岡藩主の黒田如水が早い時期に捕鯨に関心を持ち鯨を商品として把握し，福岡藩の鯨商品取引実態について除蝗用鯨油取引の収支決算資料を具体的に示して分析していることが知られており，正月に鯨商品（主として鯨油）が藩郡役所より益富組に注文され，博多商人・石蔵屋の仲介で収支決算が行われている。

　「福岡県地域史研究」第3号に所収されている鳥巣京一氏の論文「鯨組主益富家と福岡藩」によれば，福岡藩は鯨商品，主として鯨油の一括販売ならびに捕鯨資金の借入先として生月の鯨組である益富組の経営の中で重要な位置を占めており，また江戸中期，福岡藩は金千両部の鯨油を壱岐・対馬・平戸地方の鯨組から毎年仕入れていたことがわかっており，鯨油は蝗害用もしくは灯火用として各地に広大な市場を持っていたことになる。さらに，福岡藩は稲作に必要な鯨油をま

とめ買いしそれを各農家に配給していたが，購入の際の仲介者として博多鰯町の大問屋を利用していた。また，五島屋も五島藩の御用聞きを勤め，唐津小川島の鯨組主中尾家へ鯨油を確保するための手付金として多額の資金を融通し，五島屋は幕末博多商人で最高の運上銀（営業税）銀25貫を福岡藩に納入していることなどが，武野要子氏著の「福博商工史話 2号」などの中でも明らかにされている。また，鳥巣京一氏著「西海捕鯨小史」の中でも元治元年（1864～1865年）アメリカの捕鯨船が長崎に入港したことを聞いた第11代福岡藩主・黒田長溥が，金鉱採掘技師・武久又一郎を主任としてアメリカ式捕鯨法の伝習を命じており，帰国後2，3年玄界灘で捕鯨を試みたが一頭も捕獲できず中止に至っている記述がある。このことより，当時の福岡藩主が，鯨への商品価値などへの理解だけではなく，捕鯨そのものに対する強い思い入れがあったことがうかがえる。

　福岡県糟屋郡新宮町の磯崎神社には「海豚捕り絵馬」と呼ばれているものがある。絵馬は江戸時代1834（天保5）年，鰯を追ってきた海豚20頭余りを捕獲した状況を描いたもので，そのことは，楠本正氏著の『玄海のくじら捕り――西海捕鯨の歴史と民俗』の中に記載されている。江戸期においては福岡・博多周辺では組織的な捕鯨そのものが行われていたわけではないが，鳥巣京一氏著の『ふくおか歴史散歩』第6巻の中で，博多中島町（現・博多区）に生まれた町人学者・奥村玉蘭は『筑前名所図会』（1821年編，全10巻）の中で大島と地ノ島の間の2里を網代とした鯨組があったことを記述している。また福岡藩の国学者・考古学者である青柳種信も，1798（寛政10）年に福岡藩に提出した『筑前国続風土記附録』の中で，大島のほか小呂島でも捕鯨をしているとあり，このことが玄界灘で捕鯨が行われていたことの裏付となっている。同様に，楠本正氏著の 「二，福岡の捕鯨」，『玄海

宗像市大島

のくじら捕り——西海捕鯨の歴史と民俗』の中で、1720（享保5）年『西海鯨鯢記』に「カジメ大島」と見えるのが古く、ついで延享年間の『筑前国続風土記』、寛政年間の『黒田家文書』、文化年間に仙台藩の大槻清準が著した『鯨志稿』、天保年間の『黒田家文書』などに捕鯨基地としての大島の名が現れている。大島では1884（明治17）年に大島捕鯨商社が設立されたが、漁が振るわずその後受け継いだ玄洋捕鯨会社、大島捕鯨株式会社も相次いで失敗し解散している。

明治期以降も福岡・博多周辺海域は鯨類の回遊・生息エリアであったようで、福岡市沿岸で小型鯨類が捕獲された記録がある。前掲した富岡直人・屋山洋両氏の論文「人と動物のかかわりを博多遺跡群に探る」の中で、1875（明治8）年にはイルカ類が600頭近く現れ343頭を捕獲、1924（大正13）年には西公園沖で発見した群れを箱崎に追い込み沿岸で58頭捕獲、1961（昭和36）年にはゴンドウクジラの群れが捕獲されるなどの記録がある。最近では船舶の増加、汚染などで鯨類の発見が減少してはいるものの、鯨類のストランディングは福岡周辺でかなりの数が確認されている。

以上のように、古来、鯨との関わりがあった福岡・博多では、江戸

期に商都としての特性を生かし，西海捕鯨を中心とした鯨肉，鯨油の集積基地の役割を果たすと共に，当時の福岡藩が鯨への高い商品価値と，収益性の高い事業であることを認識していたことが，福岡・博多の鯨集積基地機能構築の背景にあったことがうかがえる。さらに，福岡・博多周辺海域では，古来より現在に至るまで鯨類の回遊・生息エリアになっており，自然環境の面でも「鯨のまち」と言える所以になっていることがわかった。

2）近代式捕鯨と福岡・博多の役割

1899（明治32）年，我が国初の近代式（ノルウェー式）捕鯨会社である日本遠洋漁業㈱が山口県で産声を上げたが，下関，長崎と並ぶ汽船トロールの基地であった福岡・博多に同社の関連施設が設置された記録はない。

『福岡県史　通史編　近代　産業経済（二）』にトロールと捕鯨の関係についての若干の記述があるので紹介すると，「長崎の場合は明治40年代にノルウェー式捕鯨業が企業合同したことにより汽船捕鯨から汽船トロールに転換してきたが，福岡の場合は1名が福岡魚市場の経営者の弟というだけでその企業者像は不明であり，下関，長崎と違って，福岡市自体にはノルウェー式捕鯨会社の本社や捕鯨会社とつながりがある汽船トロール会社が無かった」という。

また安川巌氏著『ふくおか歴史散歩』第3巻によれば，トロール式漁業は1905（明治38）年に始まるものの，成功したのは1908（明治41）年のことである。福岡・博多のトロール基地は，かつて波奈と呼ばれた福岡藩の藩船基地であった入り海を1659（万治2）年から3年の歳月をかけ防波堤工事を行い，そこで今日の博多漁港の基礎が築かれた。1900（明治33）年に福岡築港㈱が創立され，その後，市が引き

継ぎ計画を縮小して1910（明治43）年に完成する。1934（昭和9）年に市は長崎県五島玉の浦から遠洋底引き網船団の誘致に成功している。

　当時，トロールの最大手は福岡市に本拠を置く博多汽船漁業㈱と福博遠洋漁業㈱であったが，汽船トロールの経営者は漁業規模が大きく技術的にも在来漁業と隔絶していたため漁業と無関係なものが多く，操業を委託しその利益の配分に預かる場合が多かった。西日本新聞社経済部編『人物中心に見た西日本産業変遷記』によれば，1913（大正2）年に下関，博多，唐津，伊万里などを基地として，実に139隻にのぼる小ロール船が活動し，大正末の水揚高は下関市が1億円，長崎市が4千万円，福岡市は700万円であったという。

　前掲の『福岡県史　通史編　近代　産業経済（二）』によれば，当時福岡市博多には博多魚市株式会社（通称旧市場）と株式会社博多魚市場（通称新市場）の両市場があり，ほかに1908（明治41）年9月，博多冷蔵株式会社が魚市場を開設したが，1916（大正5）年に廃業している。3市場のうち新旧市場が建物も取扱高も大きく，全体の取扱高150万円余のうち両市場はそれぞれ60万円を超え，この内訳は鮮魚と鯨肉が中心で，鯨肉の取扱高は年間50万円にも達したという。

　1913（大正2）年には北九州地域の若松戸畑魚市場株式会社が創設され両市場を経営することとなり，翌年には両市場の取扱高が増加しているが，その増加要因の1つが汽船トロールによる魚類が山口県下関市から，さらに捕鯨会社の鯨肉が福岡・博多から入荷するようになったからであると言われている。鯨肉の出荷者は，当時捕鯨をほぼ独占した東洋捕鯨株式会社で，朝鮮，対馬，和歌山，高知などから鯨肉が運搬船で福岡・博多まで送られていた。『明治期日本捕鯨誌』によれば，東洋捕鯨は捕鯨会社の過当競争と資源の枯渇により1909（明治42）年，既存捕鯨12社の統合により設立され，大阪に本店，東京と下

関に支店，福岡市の海岸通りに博多出張所（当時の住所は福岡市博多下對馬小路町，現在の博多区対馬小路町付近）及び博多築港倉庫を置き，韓国には蔚山，長箭，新浦，巨済島事業場を置いていた。同じく，『明治期日本捕鯨誌』に掲載されていた広告には，東洋捕鯨㈱鯨肉販売問屋・博多鯨肉販売組合（博多石城二丁目二十六番地，現・博多区神尾町～博多区築港本町），博多鯨肉販売組合員として油源事・竹若源吉，大鶴商店・中島栄三，松葉屋・矢野卯兵衛，藤戸力雄，博多鯨肉問屋・大黒屋事・松尾支店の記載がある。また東洋捕鯨㈱鯨鬚細工大販売店で前出の松葉屋・矢野卯兵衛の記載があり，福岡・博多には，東洋捕鯨と東洋捕鯨を経由して鯨肉を扱っていた鯨肉販売問屋，鯨髭の加工販売業者が明治から大正期にかけて存在していたことになる。また，日本捕鯨協会編『捕鯨業と日本国民経済との関連に関する考察』によれば，大正時代（1910～20年代）に福岡市の鯨取扱業者が30社に及ぶとの調査結果があり，これを裏付けている。同じく『福岡県史　通史編　近代　産業経済（二）』によれば，当時扱っていた鯨肉の価格は非常に安く，福岡に水揚げされる安価なイワシ（マイワシ）やイカナゴが，鯨肉と値段の安さを競い競合していたほどである。福岡市内での鯨肉販売量は意外に少なく，水揚げされた後需要の多い北部九州一帯に汽

東洋捕鯨下関支店（下関市提供）

車で転送されていたが、汽船捕鯨自体が朝鮮海における資源の減少と漁期の制限によって主漁場が太平洋岸に移り、福岡への入荷量も減少していく。

それでは、当時福岡・博多でどのくらいの量の鯨が扱われていたのであろうか。福岡商業学校学友会誌特別号「博多研究号」第58号によれば、福岡・博多に国外から入ってくる鯨肉の統計データの記録があり、それが表1である。それによれば、1925（大正14）年、内務省土木局調査による博多港移輸出入重要品調外国貿易（輸入の部）品種の中に、当時遼東半島南西端にあり、日本の租借地であった関東洲より鯨皮87トン、価額14,634円、同じく関東洲より鯨肉287トン、価額50,881円の記載がある。また、博多朝鮮間移出貨物調の品目に鯨肉があり、1927（昭和元）年に12トン、1929（昭和3）年に182トン移出されていることがわかる。

日本は、1895（明治28）年に締結された日清講和条約の中で遼東半島の割譲が認められ、当時東洋捕鯨が日本の支配下にあった朝鮮で捕鯨事業を展開しており、関東州から輸入されていた鯨肉・鯨皮も、東洋捕鯨の朝鮮各所にあった事業場周辺の生産物であったのではないかと推察される。また、竹内賢二氏が主宰する鯨船会の会誌「捕鯨船」

表1　博多港移輸出入重要品調・外国貿易（輸入の部・大正14年）

品　　種	港又は国名	トン数（トン）	価　額（円）
精　米	支　　那	203	58,117
小　豆	露領アジヤ	185	27,832
鯨　皮	関　東　洲	87	14,634
鯨　肉	関　東　洲	287	50,881
輸入計		58,198	4,750,436

（内務省土木局調査）
＊出典：「博多研究号」福岡商業学校学友会誌特別号第58号、昭和5年7月、pp22-23より作成

第14号に，戦前の外地などの事業場として関東州に日本水産関東州事業場の記載があり，このことが東洋捕鯨を引き継いだ日本水産が，関東州周辺で捕鯨事業を行っていたことの裏付けとなる。

　昭和期に入り，博多港は各種漁場に近接している地理的特性を生かした水産物の国内における主要陸揚地となり，トロール船を始めとした各種漁船の出入りが多く，魚類取引が主要事業であった。『福岡市史　第4巻　昭和前編（下）』によれば，1928（昭和3）年，博多港には㈱博多魚市場，博多魚市場㈱の2社，問屋46，仲買14，博多トロール会社，東洋捕鯨博多出張所があり，表2の博多港移出入額によれば，同年博多港移出入額の貨物・移入で多いのは生塩乾魚で年間616万6565円，鯨肉は68万8800円。一方，移出は石炭が第1位で775万6518円，鯨肉は6万,840円であった。その後，1932（昭和7）年3月には博多魚市場㈱と㈱博多魚市場が合同して㈱福岡魚市場が設立される。福岡魚市場は売り場制度をとっていることに特徴があり，売り場11カ所のうち10カ所は新旧市場の問屋が受け持ち，他の1つは市場会社が

表2　博多港移出入額（昭和3年）　　　（単位：円）

主要品目	移　出	移　入
馬・牛・鶏	8,040	46,925
鮮　米	－	1,357,380
雑　穀	176,074	1,829,836
生塩乾魚	720	6,166,565
ミソ，醬油	27,884	7,513
輸洋酒，清涼飲料水	555,364	31,760
缶詰食料	9,600	210,720
鯨　肉	60,840	688,800
製造煙草	242,250	－
以下省略		

＊出典：『福岡市史　第4巻　昭和前編（下）』福岡市，1966年，pp74-75

かまぼこ，焼魚，貝類，鯨肉など特殊な品物を扱っていた。しかしながら，市場取扱いのほとんどが鮮魚介や水産加工品であり，鯨肉自体の取扱いは少量であったという。また『人物中心に見た西日本産業変遷記』によれば，当時福岡県の人口は約250万人で，産業や交通機関の発達により年間3千万円の鮮魚が消費され従来はその3分の2を福岡県外から移入してきたが，北九州の戸畑漁港へ汽船トロールや以西底引きが移動したことにより，県外からの移入は全体の3分の1に減少したという記録もある。

　1936（昭和11）～1940（昭和15）年当時，博多港での鯨肉取扱量・金額については別表3，4のとおり博多港船積，船卸貨物品種別噸量，価格表に鯨肉，鯨油，鯨塩皮についての記述があるが，圧倒的に博多港船卸貨物の数量などが多いことがわかる。このことは，中国・朝鮮などで捕鯨事業を行っていた東洋捕鯨の事業場を引き継いだ，日本水産などの事業場で捕獲・解体・加工された鯨製品が博多港に卸されていたものと思われる。

　それでは昭和初期，日本の近海・沿岸特に西日本での鯨肉の流通基地でもあった下関と，福岡・博多での鯨の取扱量を比較した場合，どの程度の差があったのであろうか。それに関して，その手掛かりともなる調査を1932（昭和7）年に当時の下関商業学校の生徒が行っている。それは，松田博久氏，岡野政一氏共著の論文「下関における鯨」市立下関商業学校「関門地方経済調査　第5輯」所収で，その一節を引用すると，「下関は福岡市とともに関西における鯨の一大供給基地である（東洋捕鯨㈱が出張所を設け，毎日のように捕鯨船が下関に入港する）が，魚市場設備の不完全なため荷捌きなどに時間を要し，福岡において1日78頭の鯨を処理するにもかかわらず，下関においては終日わずかに3頭の鯨を捌くことすら不可能である。そのため根拠地

表3　博多港船積貨物品種別噸量，価格表

		鯨　肉	鯨油・魚油	鮮魚介
昭和11年	価格（円）	−	84	73
	数量（トン）	−	18,800	45,187
昭和12年	価格（円）	10	18	139
	数量（トン）	1,600	3,240	16,680
昭和13年	価格（円）	5	−	143
	数量（トン）	900	−	20,760
昭和14年	価格（円）	−	−	51
	数量（トン）	−	−	7,980
昭和15年	価格（円）	51	−	295
	数量（トン）	14,640	−	49,780

表4　博多港船卸貨物品種別噸量，価格表

		鯨　肉	鯨塩皮	鮮魚介
昭和11年	価格（円）	−	−	32,035
	数量（トン）	−	−	6,249,813
昭和12年	価格（円）	1,571	10	43,780
	数量（トン）	205,580	1,880	7,403,644
昭和13年	価格（円）	1,600	−	43,618
	数量（トン）	320,000	−	7,956,650
昭和14年	価格（円）	1,188	−	43,875
	数量（トン）	297,000	−	12,531,620
昭和15年	価格（円）	1,202	−	54,720
	数量（トン）	327,720	−	17,460,100

＊出典：『福岡市史　第4巻　昭和前編（下）』福岡市，1966年，pp208-217

よりの入船成績も博多の半数にも及ばない。殊に下関で発達しているのは尾羽業である。唐戸市場方面で百匁17～18銭である」とあり，1932（昭和7）年の時点で既に市場設備などの遅れにより，近海沿岸捕鯨における流通・加工拠点と思われていた下関より福岡市の方が鯨の処理能力が高く，鯨における流通・加工の拠点性を有していたこと

がうかがえる。

　また，1937（昭和12）年発行の『西日本産業要覧』に，1929（昭和4）年に下関から移転した共同漁業（後に日本産業の傘下に入った日本水産戸畑営業所）に併記して九州支社（福岡）の記述がある。また，日本水産の傘下に日本漁網船具（下関），日之出漁業（下関）の記述もある。これに関連して『戸畑市史』によれば，当時の日水戸畑営業所に隣接していた日水戸畑工場で竹輪以外に鯨加工品を製造していた記録があり，私も2003（平成15）年9月に当時の工場長のご令嬢に聞き取り調査を実施し，1935（昭和10）年以降塩干物で鯨肉の塩漬けであった鯨加工品を戸畑工場で製造していたことを確認した。それらの加工品などの販路拡大のために福岡に九州支社が設置されていたのではないかと推察される。これらのことより，昭和初期から戦前にかけて，鯨における流通・加工の拠点性を下関，北九州，及び福岡・博多が担っていたことがうかがえる。

　戦後，博多漁港は1960（昭和35）年3月に全国で7番目の特定第三種漁港の指定を受け，1975（昭和50）年には全国第1位の水揚高をほこる漁港となる。柴達彦氏著『クジラへの旅』の中に，「戦後，福岡県鯨肉荷受け組合を作って卸売業者が決まっていた」という記述がある。『北九州市中央卸売市場史』には福岡県の戦後（1940年代）の鯨肉の流通ルートを掲載しているが，その中に，生産者（日水，極洋，大洋）から福岡水産㈱鯨部〜福岡県鯨配給組合に流通していた図が掲載されている。柴氏の著書に掲載されている福岡県鯨荷受け組合は，この福岡県鯨配給組合のことを指しているのではないかと思われる。また，日本捕鯨協会編『捕鯨業と日本国民経済との関連に関する考察』によれば，1948年に鯨の販売だけ分離独立して福岡県鯨株式会社が発足．これには業者8社が参加したとあり，このことは，戦後の混

乱期の中でも重要な蛋白源であり，魚と並び貴重な水産資源であった鯨の流通を建て直し，1日も早く一般庶民の食卓へ届け復興につなげようとする思いが感じられる。

1955（昭和30）年，福岡市中央卸売市場が開場するが，『福岡市中央魚市場㈱五十年史』に，「一，卸売人限定2社（福岡中央魚市場㈱，㈱福岡魚市場）二，仲買人　鯨　三人　福岡市鯨仲買組合加盟」の記述があり，鯨が福岡・博多における主要な水産物取引の一端を担っていたことがうかがえる。

それでは，福岡・博多では商業捕鯨全盛期であった昭和30年代後半から40年代にかけて，どの程度の量の鯨が取り扱われていたのであろうか。農水省の水産業累年統計資料などにより作成した表5の漁港・市場別冷凍鯨の水揚・取扱量によれば，1968（昭和43）年，博多港に2万3000トンを超える冷凍鯨が揚がっており，東京，大阪などの主要

表5　漁港・市場別冷凍鯨の水揚・取扱量　　　　　　　　　（単位：トン）

	64(S39)年	65(S40)年	66(S41)年	67(S42)年
東京中央卸売市場	11,370	12,066	9,547	9,447
大阪中央卸売市場	12,874	14,544	13,275	12,308
博多港	9,095	17,496	11,564	22,021
下関港	8,727	8,497	13,989	10,041
（参考）下関漁港	10,323	9,815	3,971	2,745
（参考）推定下関港全体	10,323	9,815	13,989	10,041

	68(S43)年	69(S44)年	70(S45)年	71(S46)年
東京中央卸売市場	8,890	7,351	5,165	4,341
大阪中央卸売市場	13,519	13,471	12,362	11,639
博多港	23,759	15,139	16,590	15,044
下関港	4,984	5,405	3,829	7,185
（参考）下関漁港	2,243	2,059	11,102	10,154
（参考）推定下関港全体	4,984	5,405	11,102	10,154

	72(S47)年	73(S48)年	74(S49)年	75(S50)年
東京中央卸売市場	4,107	4,295	4,559	3,394
大阪中央卸売市場	11,971	13,605	10,551	9,584
博多港	18,190	―	12,313	6,514
下関港	8,995	2,083	1,040	211
(参考) 下関漁港	3,955	2,608	2,553	552
(参考) 推定下関港全体	8,995	5,908	4,357	3,852

＊出典：「水産業累年統計　第2巻」農水省統計情報部編より作成

市場・港の中ではその取扱量が群を抜いている。しかし，福岡市中央卸売市場及び博多港冷凍鯨肉取扱量を比較した表6によれば，1968(昭和43)年に博多港に揚がった冷凍鯨肉のわずか2％しか福岡市中央卸売市場を通っていない。これは鯨肉の流通の特殊性が反映されているものと思われる。鯨肉は商業捕鯨当時，大洋，日水，極洋の3大捕鯨会社が市場（競り）を通さず，各社系列の販売特約店を介して流通させていた市場外流通がほとんどであった。また，北九州市と福岡市での鯨肉取扱量を比較した表7に見られるように，両市の取扱量は拮抗しており，筑豊炭坑や八幡製鐵の労働者を中心とした鯨消費が多かった北九州市と福岡・博多の鯨消費が共に多かったことがうかがえる。

　昭和30年代に入ると，それまで大洋漁業の南氷洋捕鯨基地であり，鯨の流通・加工基地であった下関，そして日本水産の拠点であった北九州・戸畑から，工場などの施設・設備老朽化の更新を行う際，大規模な市場がある大都市部周辺に，営業拠点や工場などを移転し輸送費のコストダウンを図る動きが進んでくる。1958(昭和33)には大洋漁業が福岡冷凍工場を設置し，1964(昭和39)年には日本水産が同じく福岡冷凍工場を設置するとともに，1968(昭和43)年には，日本水産戸畑支社を福岡市に移転し，福岡支社を開設したことなどがその事例

表6　福岡市中央卸売市場及び博多港冷凍鯨肉取扱量比較表

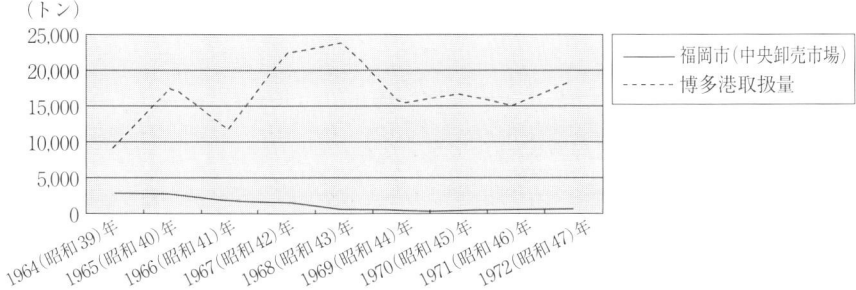

＊出典：北九州市・北九州魚市場「福岡市・捕鯨業と日本国民経済との関連に関する考察」，農水省統計情報部編「水産業累年統計」

表7　鯨肉取扱量比較

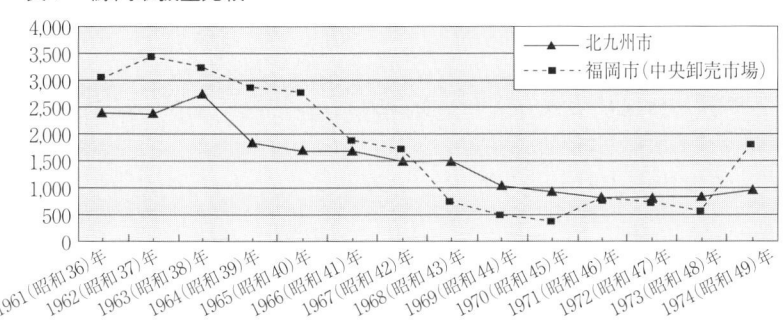

＊出典：北九州市・北九州魚市場「福岡市・捕鯨業と日本国民経済との関連に関する考察」

大正の頃，大洋漁業の前身・林兼商店（下関市提供）

林兼産業の鯨の看板のついた外観（下関市提供）

下関から見た福岡・博多の鯨産業文化史

旧日本水産戸畑支社

であろう。

　日本水産戸畑支社の福岡への移転の背景について，2009（平成21）年8月に日本水産㈱社史編纂室の東氏に聞き取り調査を行ったが，東氏によれば，1967（昭和42）年4月に戸畑の事業である漁業と加工食品の生産事業とが拡大したことから，戸畑支社関係の業務を「トロール部（漁業を管轄する部門）」と，「戸畑支社（水産物その他の加工，冷蔵，凍結，製氷および営業を管轄する部門）」に分けて行うこととし，1968（昭和43）年4月「戸畑支社」を福岡に移転，「福岡支社」と称したという。戸畑支社時代，福岡には出張所を置いて福岡市周辺の販売を担当していたが，戸畑にあった営業部門を移すことにより新たな飛躍を期して福岡支社を開設した。因みに福岡支社鮮凍課は鮮魚，冷凍魚及び塩干魚の仕入，販売ならびに管理に関する事項を司っていた」という。その後も日本水産は1979（昭和54）年，福岡市箱崎に箱崎冷凍工場を設置し，福岡市への営業拠点，設備などの集中化が加速する。

　1987（昭和62）年に商業捕鯨が一時停止され，我が国における南氷

洋での遠洋捕鯨が同年調査捕鯨に移行するが、この前後で福岡における鯨の取扱量はどのように変化したのであろうか。この件について、2009（平成21）年11月に福岡市農林水産局福岡中央卸売市場鮮魚市場業務係に対して調査を行ったところ、表8のとおり1987年を境に鯨の取扱量が激減したうえ平均単価が上昇しており、現在ではさらに取扱量自体が年々減少しているとのことであった。

表8　品目別仲卸者市場外買付高（鯨加工品）

品目	1983年 数量(kg)／金額(円)	平均単価	1984年 数量(kg)／金額(円)	平均単価	1985年 数量(kg)／金額(円)	平均単価	1986年 数量(kg)／金額(円)	平均単価
冷凍鯨	435,906／574,828,990	1,319	352,212／451,456,501	1,282	279,276／393,446,539	1,409	233,690／383,652,832	1,642
鯨の加工品	128,818／271,676,810	2,109	105,716／234,637,625	2,220	105,814／231,210,230	2,185	101,568／249,000,016	2,452

品目	1987年 数量(kg)／金額(円)	平均単価	1988年 数量(kg)／金額(円)	平均単価	1989年 数量(kg)／金額(円)	平均単価	1990年 数量(kg)／金額(円)	平均単価
冷凍鯨	158,015／344,987,210	2,183	80,803／216,913,220	2,684	68,419／226,926,097	3,317	81,170／278,643,709	3,433
鯨の加工品	100,906／284,244,270	2,817	79,830／290,091,530	3,634	61,726／287,680,775	4,661	61,125／294,049,843	4,811

＊出典：「福岡市中央卸売市場水産物編年報」福岡市中央卸売市場鮮魚市場作成資料

この表の中の鯨の加工品とは、ベーコン、オバイケ、ウネ、ヒャクヒロ（小腸）、スノコ、マメ（腎臓）、鯨カツ、竜田揚げ、鯨カレー、鯨メンチカツなどを指し、市場外買付とは共同船舶㈱から仕入れた仲卸業者数社が量販店や小売業者に販売するものである。

1987年の商業捕鯨一時停止により、商売替え自体を余儀なくされた鯨業者は福岡でも例外ではなかった。日本捕鯨協会編『捕鯨業と日本国民経済との関連に関する考察』によれば、1980年当時、福岡市内だ

けで鯨小売専門店が20店舗，市内にあったスーパーマーケットや魚屋約1000店のほとんどで鯨を扱っていた。その中のある小売店舗では，1960年代まで1日の鯨肉販売量が160kgあったものが，1980年には15kgに激減したという。

今でこそ福岡・博多の名産品である辛子明太子の業者も，大型鯨類に対する捕獲規制が次第に強まり，将来に不安を感じた鯨業者が明太子業者へ転業した事例が多々あった。仲村清司氏著『ニッポンぶらぶら見聞録』の中でもそのことが記述されている。辛子明太子が全国的に有名になったのは1975（昭和50）年3月の新幹線博多乗り入れ以降であったが，当時博多のお土産としての辛子明太子ブームに飛びついた鯨業者は多いという。

福岡市にある博多辛子めんたい協同組合（17社加盟）や，辛子めんたいこ公正取引協議会（製造会員120名，販売会員8名，特別会員20名）に加盟している業者の中には，数は少なくなったものの現在でも鯨製品を扱っているところがある。博多の台所である柳橋連合市場内にある幸村英商店もその一例であり，現在では福岡・博多に残る数少

柳橋連合市場・辛子明太を扱う幸村英商店（左）と，そこで販売されている鯨肉

ない鯨専門小売店であるが，現在では鯨だけではなく辛子明太子も取り扱っている。2009（平成21）年8月に幸村英商店に聞取り調査を実施したところ，「この店は現店主の父親が戦前より柳橋連合市場内に開設し，当時大洋漁業系列の鯨専門小売店であったが，新幹線の博多開業に伴い辛子明太子を取り扱うようになった。現在，鯨肉は福岡中央卸売市場経由で入ってきているが，取扱自体は商業捕鯨全盛期の100分の1以下。赤身，畝，ベーコンなどが売れ，ハリハリ鍋などにして食べたりしているが，買いに来るのはお年寄りが多くあまり売れない」とのことであった。鯨食文化が風前の灯になりつつあるのは，下関，北九州はもちろん鯨食文化が根付いていると思われる福岡・博多でも例外ではないようである。

3　福岡・博多の鯨文化を検証する

　それでは，福岡・博多ではどのような鯨文化が根付いているのであろうか。ここでは鯨食文化を中心に，食以外の鯨文化も合わせて辿ってみることとする。西日本文化協会編「西日本文化」第78号によれば，近世初頭（慶長）と推定される筑前国怡土郡板持村（現・福岡県糸島市板持）の朱雀家の記録に，元朝社参後の「御節料理」として「一，ハカタメ　但高モリ　汁　多魚・かぶ・大こん〔略〕一，ヒラキ　御食（飯）　酒　二献　汁　鯢・午房・人根」との記述がある。また，「福博商工史話　25号」によれば，博多町人のお正月で博多釜屋番（博多区奈良屋町）に住んでいた鋳物師・紫藤家のお正月料理で，御飯，鯨，大根の汁物，鰹，大根のなますが出されており，九州のお正月には鯨を食べる習慣が多くみられたようである。鯨は図体が大きく，

内蔵も長いことから長続きするという意味での縁起物であり，福岡・博多及びその周辺部では正月の料理として鯨を食していたようである。『アクロス福岡文化誌2　ふるさとの食』によれば，江戸期には福岡藩が朝鮮通信使の饗応料理として，鯨の心臓である「ウス」を提供しており，福岡藩と鯨のより深いつながりがうかがえる。

　『味のふるさと⑬　福岡の味』や『ふるさと日本の味⑩　九州路味めぐり』によれば，福岡・博多の郷土料理の中で一番広く知られている「筑前煮」があるが，以前は鶏肉の代わりにハイオ（カジキマグロ）や鯨の赤身を使っていたという。筑前煮は福岡・博多ではお祝いのときになくてはならない郷土料理で，鶏肉，大根，ニンジン，ゴボウ，サトイモ，レンコン，こんにゃく，醬油やみりん，砂糖を加え煮込んだものである。またの名を「がめ煮」とも言うが，これは「がめる」という博多の方言で，何でもかんでも取り込むことを言うことから来ているという説と，博多弁で「スッポン」の肉を使ったものという説がある。元々この料理は福岡藩時代の戦陣料理であり，禅宗の炊き合わせ料理でもあった。多少余談になるが，『アクロス福岡文化誌2　ふるさとの食』によれば，がめ煮に鶏肉が使用されている背景として，675（天武4）年，我が国で肉食の禁令が出された後，改正されながら明治に至るまで繰り返し肉食禁令が出されていることがある。その影響か福岡では江戸期より養鶏が盛んになり鶏肉中心の食が多く生まれている。

　また，楠喜久枝氏著『福岡県の郷土料理』や博多山笠振興会編『博多山笠記録』によれば，博多総鎮守・櫛田神社の祭礼である博多祇園山笠の直会に出される食物として，鯨汁，おばいけ（鯨の脂身），山笠から帰宅すると塩鯨のなすの短冊切り入り吸物を食べるとの記述があり，山笠での勢い水で冷えた体を鯨汁や塩鯨の吸物で暖めていたよ

うである。これ以外にも『アクロス福岡文化誌2　ふるさとの食』によれば，福岡・博多独特の料理として，くじらの畝と百尋の盛り合わせや，福岡市玄界島の郷土料理で，ゴボウやニンジンなどの野菜と鯨の黒皮の炊き込みご飯である「くじらめし」や「黒皮とダイコンの吸い物」，「うねくじら（鯨の脂身）のぬた和え」などもある。

　前掲の幸村英商店の幸村光次氏が，1985（昭和60）年2月に「西日本新聞」市場歩き・柳橋連合市場の記事に「博多は昔から小川島（肥前）でとれたクジラの消費地であった」とのコメントを寄せている。それを裏付けるものとして，日野浩二氏著『鯨と生きる——長崎のクジラ商日野浩二の生涯』の中に「鯨肉は東彼杵からそれぞれ好まれる鯨の部位が，長崎，佐賀，福岡，北九州へ。福岡は皮，赤肉の塩蔵」との記述がある。また柴達彦氏著『クジラへの旅』の中で，福岡・博多に近い筑紫平野周辺でも節句におばゆけ（おばいけ），生くじら（赤身のくじらの刺身）を，また『聞き書福岡の食事』の中に，朝食に塩くじらの焼いたものが食べられていたことが紹介されている。博多くじら館・小島洋二氏の話として「博多は昔節句にオバイケを食べていた。内臓類のゆでものは正月に普段の10～20倍売れる。12月31日の大晦日の晩に野菜と煮付けてクジラの赤身を食べる」というものや，『アクロス福岡文化誌2　ふるさとの食』の中で紹介されているように，元々福岡では鯨を「大もん」になるように大晦日に食べる地域もあった。さらに，日本捕鯨協会編『捕鯨業と日本国民経済との関連に関する考察』によれば，調査を実施した1980年当時，福岡市内では鯨肉をはじめ内臓類を刺身で食べることが多く，消費量全体の80％近くは刺身で食べるという結果があり，鯨肉の生食での食習慣が定着していたようである。これらのことより，福岡・博多の鯨食文化は，塩鯨の消費が多い北九州地域の鯨食文化とは違い，鯨の赤肉，尾羽毛や鯨

の皮を主に食していたものであったことが推察される。また，1977年の1年間に食べる鯨肉量が国民1人当たり0.7kgであったのに対し，福岡市では3.6kgと全国平均の5倍以上食べていたことになり，戦後，福岡・博多でも鯨肉は安い蛋白源として多くの市民が食しており，旺盛な鯨食文化を裏付けるものとなっていた。

　当時の鯨肉の値段について，1985（昭和60）年1月に「西日本新聞」市場歩きの記事に「商売を始めた昭和30年代は仕入れ値が1箱千円のものが今は3万円近く。3，4千円だった尾の身は十数万円。鯨は3～40倍」との太田鯨肉店店主がコメントを寄せており，その安さがうかがえる。それを裏付けるものとして，福岡市における鯨肉と他の肉類価格との比較を行った表9でも明らかなように，昭和30年代，鯨肉は他の牛，豚，鶏肉の3分の1から4分の1であった。

　また，福岡市と北九州市における1世帯あたりの鯨肉購入金額を比較した表10でもわかるように，両市の購入金額はほぼ拮抗しており，北九州市，福岡市ともに鯨肉は庶民の主要蛋白源であったことがうかがえる。

　同じく，日本捕鯨協会編『捕鯨業と日本国民経済との関連に関する考察』の中で，鯨に対する福岡市民の意識調査を行っている。それによれば，1980（昭和55）年3月時点で，週に1～2度は鯨を食卓に出

表9　鯨肉の価格変化及び他の肉類価格との比較（福岡市）　　　　　（単位：円）

主要品目	昭和34年	昭和35年	昭和36年	昭和45年	昭和46年	昭和47年
牛肉（中）	50.25	58.25	60.00	124.00	131.00	133.58
豚肉（中）	45.25	49.50	51.58	81.30	78.10	82.10
鶏肉（並）	47.25	49.00	49.50	69.40	48.40	54.28
鯨肉（冷凍・赤肉）	13.15	14.33	15.90	43.60	53.90	60.42

＊価格は100ｇあたりの価格（昭和34～36年は100ｇあたりに換算）
＊出典：福岡市「福岡市統計書」第1回（1963年，pp90-91），第12回（1974年，pp168-169）より作成

表10 1世帯あたり鯨肉購入支出金額比較

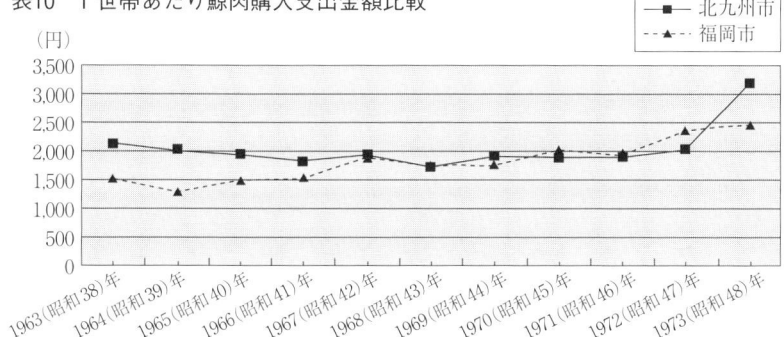

＊出典：「北九州市中央卸売市場史」、「家計調査年報」昭和51年3月31日

している家庭が7割を超えていた。また，6割以上が今以上に鯨肉を食べたいと回答しているが，6割以上が値段の高いことを食べられない理由に挙げており，福岡・博多に潜在的な根強い鯨食習慣があったことを裏付けている。

それでは福岡・博多では，食以外にどのような鯨文化が根付いてきたのであろうか。日野浩二氏著『鯨と生きる——長崎のクジラ商日野浩二の生涯』によれば，福岡・博多に近い大川では鯨の塩蔵に使う樽を作っていた記録がある。この樽は地下を掘って埋められ，大量の塩蔵鯨肉に重宝されていた。また，現在日本で唯一，鯨包丁を製造している宗鉄工所も福岡空港に近い福岡・博多にある。

さらに，柳猛直氏著『福岡歴史探訪　東区編』によれば，1873（明治6）年創立の奈多小学校（現・福岡市東区和白小学校）は通称「鯨学校」と呼ばれ，

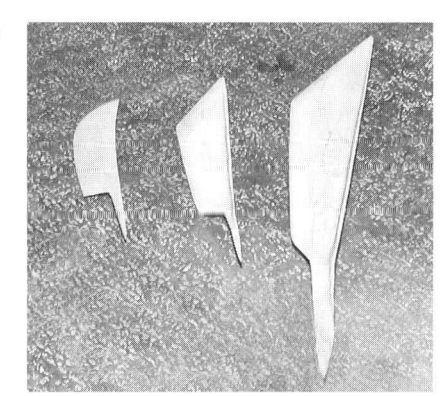

宗鉄工所で造られた鯨包丁

下関から見た福岡・博多の鯨産業文化史

1881（明治14）年に奈多の北浦に現れた鯨の売上金500円を網元の意向で学校建設費に充てたと言われている。これらのことより，福岡・博多には鯨食文化はもちろん，幅広く鯨と結びついた様々な鯨文化が根付いていることがうかがえる。

　福岡・博多における鯨文化は，福岡・博多が海に面した地域であり，西海捕鯨の沿岸捕鯨による鯨肉の流通拠点であったこと，さらに福岡藩による捕鯨へ対する理解と後押しがその背景にあり，それらが長い歳月を経て，福岡・博多の町人，商人文化の中に根付いて形成されたものであると考えられる。

店頭に貼られた鯨のポスター

4　下関から見た福岡・博多の鯨産業文化史

　古来海に開けた国際都市であり商都であった福岡・博多では，歴史的にも文化的にも鯨との関わりが深く，福岡・博多の代表的な料理である筑前煮や博多山笠の直会などにも鯨が使われていたことは，それ

らを裏付ける一例であると言えよう。

　福岡・博多は鯨の中継地，流通基地だけではなく，消費地でもあったわけであるが，その背景には，福岡藩の庇護のもと，現在の福岡，佐賀，長崎沖を主要漁場とした西海捕鯨の存在と，当時の福岡・博多の商都としての機能が，くじらのまち福岡・博多の基盤を確固たるものにしていた。

　これを当時の長州捕鯨の流通基地であった下関から見た場合，長州捕鯨で捕獲された鯨肉が，下関だけではなく福岡・博多に運ばれていたという事実が，下関以上に福岡・博多が鯨肉需要の多い場所であったことになる。加えて，福岡・博多への鯨肉供給基地の一つが下関であったことになり，福岡・博多と下関が，鯨の中継基地であり消費地である以外に，両地域が鯨肉の供給を相互に補完しあう，似通った形態の鯨産業都市であったと言えるのではないだろうか。

　一方，下関には江戸期に日本最大の鯨組であった益富組の，現在で言う営業所が置かれており，西海捕鯨の中心的な役割を果たした鯨組が，長州捕鯨の流通基地に営業所を置くほどの拠点性を下関が果たしていたことになる。また江戸時代後期には，封建制の象徴であった各諸藩の既存エリアを越えて鯨肉などの流通が活発に行われており，そのこと自体が，既に封建制度自体の終焉の兆しがあったことになる。

　明治期に入り，当時我が国最大の規模を誇った東洋捕鯨の支店が下関に，出張所が福岡・博多に置かれたことも，近代以降両都市が鯨の中継基地として発展していたことを裏付けるものであると考えられる。

　戦後下関は南氷洋捕鯨の基地として，また以西底曳の基地として国内有数の水産都市として君臨し，1966（昭和41）年には下関漁港が日本一の水揚げを誇ったが，背後地の狭さ，関門海峡の潮流などによる漁港を取り巻く立地環境の悪さに加え，水産資源の減少，魚価の低迷，

下関漁港のキャッチャーボート（下関市提供）

鯨や魚を取り巻く国際状況の悪化などが追い打ちをかけ，水産都市としての衰退に歯止めがかからない状況となっていった。一方，早くから都市開発に着手していた福岡・博多は，港湾整備を中心とした国際都市，また九州隋一の商業都市として発展を続け，九州一の都市集積力を誇る大都市に発展した。下関にあった流通基地機能も次第に老朽化し，その更新をする際，大消費地であり大都市でもあった福岡・博多に多くの機能が移転することとなる。

これらの歴史的な背景として見えてきたのは，やはり西海捕鯨と長州捕鯨を通じて形成されていた，現在の山口県から福岡県に至る鯨の広域的な流通ルートの存在であった。福岡・博多と下関という流通拠点の補完性が，近代以降も一定の

鯨館（下関市提供）

鯨の山車（下関市提供）

機能を果たしていたことは注目できる点であると思う。

　今回，限られた紙面と時間の中であったため，特に戦後から商業捕鯨全盛期に至るまでの福岡・博多における鯨産業の形成過程や経済効果の検証が十分にできなかった。さらに下関・北九州と福岡・博多の鯨産業の詳細な比較まで至らなかったが，それは今後の研究課題とし，いずれはその検証結果を書面にまとめたいと考えている。

第2章
福岡県香春町における
鯨食文化発達の背景と地理的特性を探る

1　福岡県香春町の歴史を辿る

1）歴史を辿る前に

　五木寛之の小説『青春の門』の舞台として有名な香春岳を望む福岡県田川郡香春町は，1956（昭和31）年9月30日に旧香春町，勾金村，採銅所村が合併し現在の香春町となった。町の北側は福岡県北九州市，南側は田川郡赤村，大任町，東側は京都郡みやこ町，西側は田川市，田川郡福智町と接し，東西6.45キロ，南北10.6キロの町域内に人口1万4千人余を擁する三方を山に囲まれた山間部の町である。現在では，

香春岳（一ノ岳）

かつての基幹産業であった銅，炭坑，セメント産業などが衰退し，石灰石採掘のため山の中腹まで削られた香春岳（一ノ岳）が往時の姿をとどめつつも一種独特の風景を呈している。

　私は前掲の拙著『関門鯨産業文化史』などの調査過程で，2003年8月香春町教育委員会生涯学習課に，香春町の鯨食文化に関する聞き取り調査を行った。その中で，香春町は海から離れた内陸部の山々に囲まれた盆地状の地形であり，しかも山間部にありながら，鯨肉，特に塩鯨の消費が大変多い地域であったことがわかった。また，細々とではあるが現在も塩鯨が消費されていることがわかり，山間部における鯨食文化発達には，産業立地や流通ルートなど何らかの地理的特性などがその背景にあるのではないかと推察するに至った。そこで，香春町の鯨食文化発達に関して，2003年に実施した調査をベースに，再度文献や聞き取りなどの詳細調査を実施し，福岡県香春町の事例を通して，山間部における鯨食文化発達の背景と地理的特性を検証していくことにする。

　２）香春町の歴史的変遷

　香春町の香春の名称は平安中期，源　順（みなもとのしたがう）によって撰集された日本最初の百科事典でもある平安中期の『和名類聚抄』20巻に出ており，万葉の時代から筑豊地域の中心地であり交通の要衝地として発展した。また『香春町歴史探訪』によれば，地名に残る採銅所のとおり銅や金の採掘が行われ，香春産出の銅が奈良の大仏や皇朝十二銭[3]の鋳造に用いられている。近世の香春町は細川氏の支城であった香春岳城の城下町として，また江戸時代には宿場町が形成され，旅籠や商家が軒を並べる商業の中心地として発展する。

　『香春町史』によれば，1866（慶応2）年8月に小倉（長州）戦争

で小倉藩は小倉城に自ら火を放ち，香春にあった香春御茶屋を藩庁として香春藩がスタートしたが，その後1869（明治２）年豊津に藩庁が移転する。さらに1871（明治４）年の廃藩置県後，香春に田川郡役所が置かれ，香春は田川郡の政治，経済，文化の中心地として栄えた。北九州市小倉北区に香春口という地名が存在するが，このことは当時小倉から香春へ移転した役所などの行政機能の重要性や，香春自体の持っていた町の拠点性を裏付けるものと推察される。

　同じく『香春町史』によれば，国内最大規模の筑豊炭田を有する田川地方の石炭発見は1587（天正15）年で偶然石が燃えたことによるものとされるが，明治期から大正期にかけて香春町では，宮尾炭坑，不動炭坑，仲津原炭坑，香春炭坑，糸飛炭坑が，大正後期から昭和期には，中津原炭坑，香春炭坑，糸飛炭坑，上清鉱業所，三井田川五抗・六抗，第二豊洲炭坑など多くの炭坑が開発された。

　2003年８月に実施した香春町教育委員会生涯学習課への聞取りによれば，大正から昭和初期までは香春町の炭坑は比較的小規模坑であったが，戦時及び戦後には大規模坑が開発され，それに伴い炭坑住宅が多く建設されたという。また，石灰石鉱山であった香春岳を擁す町は，これを背景に1933（昭和８）年浅野セメント㈱を誘致し，1935（昭和10）年よりセメントの生産が開始された。

　1999（平成11）年には200万トンを超える生産量があったが，2004（平成16）年に公共事業の削減などによるセメント需要の低下により，当時の香春太平洋セメントは解散する。その後工場は閉鎖され，現在は細々と石灰石の採掘が行われているにすぎない。

■香春町の地図

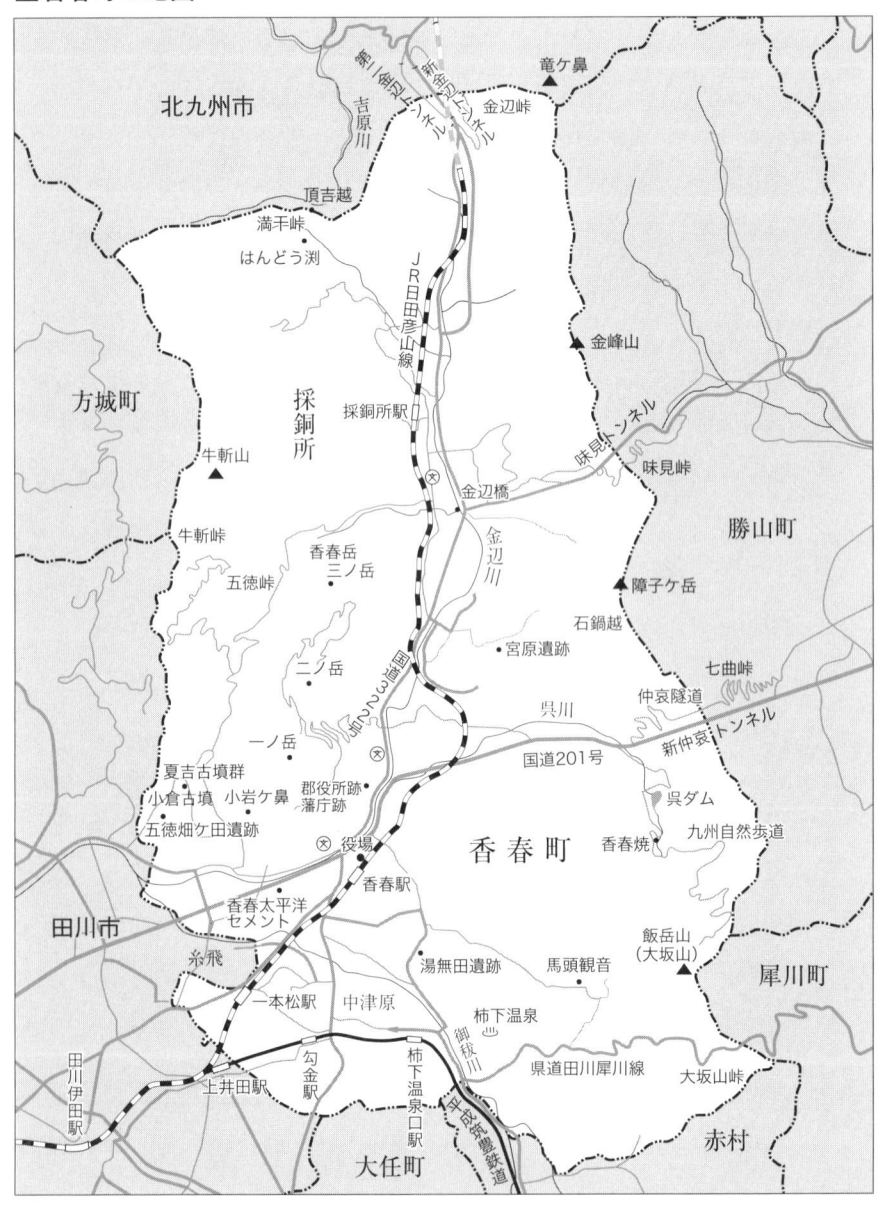

2 香春町における鯨食文化の検証

1）地理的特性（流通経路，購入方法など）

　香春町が所在する田川郡は地形的に盆地を形成し，その北部に位置する香春町は三方を山に囲まれており，北側に金辺峠，東に七曲峠，味見峠など，西側に牛斬峠などを擁していた。これら難所である各々の峠を，古来より人力や牛馬による峠越えにより物資の流通及び人々の交流が行われてきたという経緯がある。『香春町史』によれば，特に主要幹線道小倉～香春道は，1917（大正6）年金辺峠に，行橋～香春道は1890（明治23）年に七曲峠の仲哀谷にトンネルが開通するまでは，難所である峠越えのみが物資の主要流通経路であったという。

　一方，『香春町史』や『香春町歴史探訪』によれば，現在の平成筑豊鉄道（旧田川線）田川伊田～行橋間は1895（明治28）年に開通，1915（大正4）年4月1日に小倉鉄道（現JR日田彦山線）が開通して香春駅が完成する。その後，東小倉～添田間で1943（昭和18）年5月1日に国有化され，1960（昭和35）年日田彦山線と改称された。鉄道は主に筑豊地域の石炭を北九州まで運搬することを主目的に建設されたが，それ以外の物資や人々の交流にも大きく寄与していた。

　『香春町史』によれば，田川地域における商業の中心地であった香春町では，盆や正月前になると京都郡の郡境の村より，商品仕入れのため地方商人が峠越えにより集まり，買い物客が押し寄せるほど集客力のある商業地として発展していた。また，商業には行商と市があり，他所から村に来る行商人には魚や干物の商人が来ていた。魚類や干物

は行橋方面のものが多く、蓑島あたりから自転車にブリキで作った缶や箱をつけてカキやアケミ、アミヅケをいれ、「カキボー、アケミ」と振れ売りをして回っていた。昭和初期には自転車にトロ箱を載せたり盤台に魚（イワシ、サバ、アジ、フグなど）を入れて売りに来るものもあったという。

　同じく香春町教育委員会への聞き取りによれば、香春町から豊前（行橋）方面へ越す峠越えに味見峠があり、豊前（主として簑島）から無塩物をざるや背負いかごで峠越しに魚売りに来ていた。その折、香春の商人が峠で下味を賞味して購入したところからこの峠が味見峠と名付けられたと言われている。これと同様に採銅所の入り口にも味見橋があり、その周辺を「市場」とも呼んでいるという。

　また『香春町史』には、1896（明治29）年香春魚市場が山下町に開設され、市場では毎日競りが行われ、売上金は開設当初で4,618円であったという記述がある。山下町、魚町に魚、塩魚、乾物を扱う商店や、採銅所の魚屋が5軒あり、いずれも汽車に乗り小倉鉄道で下関方面から魚を仕入れたなどの記述もあり、このことが明治期から西日本地域最大のトロール基地であった下関より、香春に魚が運搬されていたことの裏付けとなる。

　また同じく『香春町史』によれば、表11のとおり1911（明治44）年発行の「駅勢一覧・香春駅消費貨物調」（数量は香春町域の人が消費

表11　消費貨物調

品名	数量	到着数量 鉄道便	到着数量 鉄道便以外の運送便	主なる消費地及び消費者	生産地
鮮魚	73	73		集散所香春町今川魚市場	曾根、苅田、行橋、中津、宇之島、博多
塩魚	12	12		同上	門司、大里

＊出典：香春町『香春町史　上巻』p1505より作成

した数量）では，鮮魚，塩魚は消費の全部が鉄道便とあり，門司，大里から送られた塩魚は，漁港であった下関に集荷された魚を門司港に運搬し，貨車に積み替えて運搬されたものであると推察される。『日本水産70年史』によれば，1911（明治44）年は日本水産㈱の前身である田村汽船漁業部が設立された年であり，本格的な汽船トロール漁業が国内でも始まっていた。また，『香春町史』によれば，塩魚には塩サバ・塩イワシ・塩鯨・塩ダラがあったが，塩鯨は安価だったのでよく買って昼飯のおかずにしていたという記述があり，香春町教育委員会への聞き取りでも，大正期〜昭和20年頃の学校児童も大半が「塩鯨，塩ダラ，梅干」が弁当のおかずであったという。これらのことより，塩魚の中には塩鯨が含まれていたことがわかる。明治40年代は，下関に支店を置き国内最大の捕鯨会社であった東洋捕鯨㈱の全盛期であり，実質的な営業拠点であった下関から鯨の塩蔵品が塩魚として香春に流通していたと考えられる。『郷土史誌かわら』にも，塩鯨は新町（下香春町）まで買いに行く。魚は月に1〜2回トラックで売りに来るとの記述もあり，また田川地方では，保存食である開き干し，煮干は海浜地帯で処理されたものを行商人から一括購入して蓄えていたとのことから，塩鯨は下関から峠越えで香春町に流通していたものと推察される。

　香春町教育委員会への聞き取りによれば，町内には一般町民を対象にした商店だけではなく，香春町の産業の中心であった各炭坑及びセメント会社に，福利厚生を主とした「売店，販売所」などの従業員向けの大小の店があった。そこでの購入方法は「切符」，「通い」(5)などの制度があったが，従業員住宅居住者はこの「切符」を利用していた。戦時中は生産奨励として特別に物資を配給する「特配」というものがあったが，作業服，地下足袋，塩，砂糖，醤油，酒米などがあり，こ

れらは一般住民の憧れの的であったという。また，町内には「諸式店」といって食料品もあわせて売る店舗があり，住民も農林業に従事するものが1～2カ月分を，炭坑，セメント関係の従事者は2～3日分の少量を購入していた。

香春にあった浅野セメント売店は，戦前会社の本部事務所右横にあり衣料切符制施行下でも品物は一通り揃っていたという。戦争中物資統制が厳しくなり，軍需産業に優先的に物資が配給されることになったため，生活物資の特配を受ける荷受機関として日本セメント購買会が設立された。購買会の利用は従業員に限定され，その存在は地元商業の活性化の障害となっていたが，1973（昭和48）年頃には購買部の購買力が低下し顧客が流出，1978（昭和53）年には閉鎖される。香春町に所在していた浅野セメント香春工場の購買部について，2007年8月に太平洋セメント㈱（旧浅野セメント）ＩＲ広報部の曽我氏に聞き取りを行ったが，既に工場も閉鎖され，当時の詳細な記録などは保存されておらず，食料品の中で特に鯨を扱っていたかどうかはわからないとの回答であった。また，『浅野セメント沿革史』にも，特に鯨についての取扱いの記載などがないとのことであったが，購買会についての詳細は，また別の機会を設けて調査することとしたい。

2）産業立地と労働者の食文化

それでは，なぜ海に面していない山間部である香春町で鯨食文化が発達したのであろうか。その背景には，香春町の産業であった石炭とセメントの存在がある。香春町では明治期から開発された炭坑が，戦時及び戦後には開発により大規模なものとなり，それに伴い炭坑住宅が多く開発された。さらに，石灰石の山であった香春岳三山の鉱山開発のため，1933（昭和8）年に浅野セメント㈱が誘致され，1935（昭

和10) 年より生産が開始された。『香春町史』によればセメント関係の社宅も開設され，浅野セメント従業員住宅は1937（昭和12）年6月に社宅完成総戸数202，戦後最盛期には400世帯を超え，町外より多くの労働者とその家族の流入があったという。

　香春町教育委員会への聞き取りによれば，炭坑従業員は主に坑内作業，セメントでは原石採掘者，回転炉作業，セメント荷積み，運搬など重労働が多く，肉体労働者は発汗など塩分の補給が必要で当時の食糧事情から「塩鯨，塩ダラ，塩サバ，塩昆布」などに頼らざるをえなかった。坑内労働者，セメント原石採掘者など常に生命の危険にさらされていたので，食は粗食でも重要視されていたことから，安価な蛋白源でもあった塩鯨は重宝されていたという。少し新しい数字であるが，北九州市統計課『生活用品小売価格1963（昭和38）年』によれば，100g当たりの鯨肉価格は20.4円で牛肉や鶏肉の3分の1以下であり，アジ，サバ，イワシとほぼ同額の安価なものであった。塩鯨は，炭坑労働者やセメント産業従事の労働者を食の面から支える香春町の必要不可欠な食文化でもあったといえる。

　山間部における鯨食文化の特性は，香春町以外ではどうであろうか。私が2003年8月に北九州・筑豊地域の42市町村（当時）で鯨食に関する調査を実施し，回答のあった16市町村のうち地形的に山間部を擁していたのは12市町であった。その中で，田川市，添田町など炭坑が所在していた6市町では塩鯨が食べられていた形跡があり，山間部で炭坑労働者が存在した地域では，香春町と同じく鯨が消費されていたという共通性が浮かび上がってきた。

　また，香春町は山間部であることから，保存食としての魚の開き干しなど海浜地帯で処理されたものを行商人から一括購入して蓄えていた。保存がきく塩鯨は，山間部の保存食としても利用されていたので

ある。香春町教育委員会への聞き取りでも，塩鯨の特徴として，海産物の塩物の中でも一番塩がきかせてあり，夏場で長期間保存しても腐ることは無く賞味期限もなかった。塩鯨は一般に木箱，コモ包み，ダンボール箱に入れられ，保冷もせず店頭で野ざらし状態でおかれていた。塩鯨はそのまま5センチ角に切って焼き，それをご飯にのせたり，お茶をかけて食べていたという。

　一方，民俗学者の宮本常一は著書『塩の道』の中で，東北地方の塩魚について聞き取り調査をしている。それによれば，塩イワシを4日もかけて食べていた事例を挙げ，山中での塩魚は蛋白源以外に塩そのものを手に入れるための手段であったという。また，塩だけを運搬するより儲けのため塩魚を運ぶ行商についても触れている。香春町の塩魚・塩鯨も，塩そのものを手に入れるための手段の1つであった可能性もある。

　『香春町史』によれば，鯨肉は副食として利用され，オバヤケ（尾羽毛）などを塩もみして酢で和える。和え物には酢味噌和えにマゲネギやチシャ・オバヤケ，胡麻和えになすなどが用いられた。オバヤケは砥石のような塊を買い，ブエンモノ（無塩物＝生もの）に湯をかけてはぜらかし，山椒入りの酢味噌で食べたり野菜の煮付けのダシに使ったなどの記述あり，昼には弁当のおかずなどとして鯨肉の赤肉である塩鯨が，晩には鯨の皮である尾羽毛の酢の物や野菜の和え物などが，炭坑やセメント産業などに従事する者とその家族を中心に食されていた。また，同じく香春町教育委員会への聞き取りで，香春町でも戦後昭和20～30年の食糧難時代では鯨肉は貴重な蛋白源であり，また，珍味でもあったようで，鯨肉をそのまま煮込みに使ったり，一度油抜きをして「鯨肉かつ」として家庭で食されていたということから，炭坑などの労働者やその家族以外の一般家庭にも，鯨肉が普及していた。

香春町における鯨食文化の特徴などについて2007（平成19）年8月に，上伊田駅前にあり鯨肉や鮮魚などを扱っている原田商店主に聞き取りを行った。その結果，田川（香春町）周辺ではお盆にタラ，正月にブリを食べたりするが，鯨は特に祭事など時節柄に関係なく消費され，塩鯨はもちろん，鯨の刺身（赤身）も多く売れるとのことであった。また，同じく2007年8月に香春町採銅所にある谷本鮮魚店主に聞き取りを行ったが，採銅所周辺では塩鯨を焼いて湯に付け，お茶漬けにしたりして食べたりするが，北九州市に近い採銅所周辺は，セメント採鉱者が多い中心部の香春とは鯨の食し方が少々違うとのことであった。

　このように，香春町では明治期より下関，行橋方面を中心とした町外より，塩鯨を含む塩魚が峠越えにより入ってきており，それは香春の産業である炭坑・セメント産業労働に従事する労働者とその家族の蛋白源や塩分補給のための必要不可欠な食材として消費され，それが香春町の食文化となり現在まで受け継がれていることとなる。

原田商店　　　　　　　　　　　　谷本鮮魚店

3）現在の鯨食文化の状況

　それでは，現在の香春町での鯨肉消費はどうであろうか。香春町教育委員会への聞き取りによれば，現在も「塩鯨あります」などの看板を鮮魚店などが出し，きわめて少数であるが塩鯨が食べられている。香春町町域で1カ月に約10kg，ダンボール1箱程度の鯨肉需要があるが，塩鯨の値段も高くなり，特にスーパーでの売上などは把握していないとのことであった。前掲の原田商店主によれば，現在でも塩鯨のパック詰めを販売しており，売り出しのときは10〜20kg売れる。ここは博多，佐賀など各地から鯨肉が入ってくるが，隣接している田川の市場から入ってくるものが多いとのことであった。一方，採銅所の谷本鮮魚店主によれば，現在塩鯨は注文のあったときのみ仕入れている程度であるが，年配の方が購入し遠方の家族に送ったりしている例もあるという。採銅所は香春町内でも一番北九州市に隣接している地区でもあり，現在も鯨肉は田川からではなく峠越えで北九州市から入ってくるとのことであった。

3　香春町における鯨食文化発達の背景と地理的特性

　今回，香春町という内陸部にある山々に囲まれた地域で，海産物である塩鯨が食されてきた背景と要因を探ってみた。このような地形にある香春町には，炭坑・セメント産業に従事する労働者の蛋白源として，また，町民の保存食としての塩鯨を含む塩魚が，山々を越え峠越えでもたらされてきた。峠越えの手段はこの100年で，徒歩，牛馬から鉄道，車へと劇的に変化してきたが，塩鯨を食べるという食文化は

時代を超え受け継がれている。これに加えて香春町が内陸部にあるとはいえ，距離的には沿岸部に比較的近い場所にあること，また明治期のトロール基地であり鯨の集散基地でもあった山口県下関市に近い場所にあることが，鯨食文化を支える大きな要因となっていた。1987年以降それまでの商業捕鯨から調査捕鯨に移行し，一般市場での鯨肉流通量が激減している中で，細々とではあるが香春町で塩鯨が消費されていることが確認できた。

　食文化は一朝一夕に形成されるものではない。その地域に根付く食文化には，必ず地理的要因を含む歴史と背景が存在する。日本各地域に残る食文化，特に鯨食文化が発達した背景にはそれぞれの地域の様々な要因が背景にある。今後も日本各地の鯨食文化発達の背景を探っていきたいと考えている。福岡県香春町での調査を通じて，鯨食文化を次の世代に引き継ぐ責任は，今を生きている私たちに課せられた大切な使命であることを再認識した。

第3章
昭和30年代の捕鯨労組資料に見る捕鯨従事者の待遇について

1 検証の前に

1）捕鯨労組資料の背景に見えるもの

　2007（平成19）年11月，南極海捕鯨の基地として発展してきた山口県下関市にある下関市立大学に，全国の大学では初となる鯨資料室が設置された。近代捕鯨の発祥地である同市では，市内外に多数存在するであろう多くの捕鯨関連資料が散逸していることに加え，かつての

下関市立大学鯨資料室

55

商業捕鯨従事者の高齢化が進んでいる状況にあることから，同大学学術センター内に，主に社会科学系の鯨関連資料の収集，鯨情報の発信を目的として設置されたものである。この資料室には鯨関連の書籍，論文や模型，民・工芸品など約3500点が収蔵されているが，山口県長門市在住で，かつての日本三大捕鯨会社の一つであったＡ社の元捕鯨労組執行委員長であったＯ氏より，捕鯨労組関係資料一式が同室に寄託された。Ｏ氏は1946年Ａ社に入社し，捕鯨部事業員として南氷洋捕鯨28回，北洋捕鯨5回，近海捕鯨にも出漁。1972年Ａ社捕鯨労組委員長に就任し，1977年にＡ社捕鯨部の解散を見届けて退職された方である。

　Ｏ氏の寄託資料は，Ａ社と捕鯨労組の労使協定書などや，賃金や手当てなどを巡る交渉経過，交渉結果などを詳細に記録した貴重な内部資料であり，現在はタイトルごとに81冊に分類・製本されている。また，資料の中には捕鯨船団の従事者名簿として各個人の船員保険番号なども記載されており，年金記録の紛失が問題となる中，その貴重な手掛かりともなっている。

　通常，組合資料は部外秘の内部資料として外部に出ることはなく，また会社側にとっても，社員の個人情報などが含まれていることもあり，このような資料が寄託される例は非常に珍しい。特に，1976（昭和51）年各水産会社の捕鯨部門及び捕鯨会社が統合され設立された日本共同捕鯨㈱[6]に移行後，捕鯨の国際的規制が強くなるにつれ捕鯨関連資料を各社がほとんど廃棄処分しており，これらの資料は国内では存在していないと思われていただけに，資料価値は非常に高い。過去，韓国での捕鯨従事労働者の調査研究などが甲南大学の森田勝昭氏によりまとめられたことはあるが，このような内部資料は存在しないものと思われていたため，我が国における捕鯨従事者の待遇面などについ

て，雇用者側と被雇用者側のやりとりを含めて，これらの研究が表に出ることはほとんどなかった。

そこで本書ではこれらの資料を基に，我が国の商業捕鯨全盛期である昭和30年代を中心に，商業捕鯨従事者を待遇面から分析することにより，我が国の捕鯨についての検証を行っていくこととしたい。しかし，提供された資料が膨大であることに加え，個人情報を含む資料が多いことや，現在では捕鯨事業から撤退しているといえ，組合資料は会社にとっても重要な内部資料であることから，Ａ社の意向などや個人情報に充分配慮しながら検証することを念頭に置いている。

2）昭和30年代の商業捕鯨の状況と捕鯨関連労組

戦後の食糧難による蛋白源の確保と鯨油による外貨獲得のために，ＧＨＱからの許可により再開された我が国の捕鯨は，昭和30年代に入り全盛期を迎える。戦後の主な南氷洋捕鯨での出来事は表12の年表のとおりである。

しかし捕獲頭数のピークを過ぎた1964（昭和39）年のＩＷＣ（国際捕鯨委員会）では，南氷洋でのシロナガスクジラ捕獲禁止の決定，翌1965（昭和40）年より南氷洋の捕獲枠の大幅な削減決定など捕鯨を取り巻く国際情勢が昭和40年代に入り次第に厳しくなりはじめる。

Ａ社社史によれば，南氷洋捕鯨の最盛期である第15次南氷洋捕鯨（昭和35～36年漁期）では，世界の出漁21船団中，日本からは７船団，Ａ社からは２船団が出漁した。またＡ社社史によれば，Ａ社の1960（昭和35）年度における南氷洋，北洋，近海捕鯨の事業別売上高は約73億２千万円で，その比率は会社全体の売上の実に21％を占めている。また，1960（昭和35）年10月１日現在のＡ社従業員数は，職員1050名，船員3159名，捕鯨作業員200名，現業員1500名で，南氷洋，北洋の母

57

表12 南氷洋捕鯨年表（戦後～商業捕鯨一時停止）

1946年	日本はＧＨＱの許可を得て南氷洋捕鯨を再開。国際捕鯨取締条約（ＩＣＲＷ）締結。
1948年	国際捕鯨委員会（ＩＷＣ）が設立され，翌年第１回年次会議開催。
1951年	日本がＩＣＲＷに加入。
1959年	国別割当制度の導入をめぐり，捕獲枠が合意されず。各国は捕獲限度を自主宣言して出漁。オリンピック方式廃止。日本はこの漁期ＢＷＵでノルウェーを抜いて世界一に。
1960年	南氷洋の鯨類資源評価のために３人委員会が設置される。
1961年	日本はこの漁期ＢＷＵでの捕獲頭数が戦後南氷洋捕鯨史上最高となる。
1962年	国別割当制が導入される。
1963年	イギリスが南氷洋捕鯨撤退。南半球でのザトウクジラ捕獲禁止。翌年にはシロナガスクジラが捕獲禁止。
1972年	国連人間環境会議で商業捕鯨10年間一時停止を決議。ＩＷＣはシロナガスクジラ換算制（ＢＷＵ）を廃止，鯨種別・海区別に捕獲枠設定。国際監視員制度を採用。ノルウェーが南氷洋捕鯨撤退。日本は南氷洋でミンククジラ捕獲を開始。
1975年	ＩＷＣが新管理方式（ＮＭＰ）採択。
1978年	ＩＷＣが南氷洋で国際鯨類調査10カ年計画（ＩＤＣＲ）開始。
1982年	ＩＷＣが1985年からの商業捕鯨一時停止（モラトリアム）を決定。

＊出典：『南氷洋捕鯨に学ぶこと――南氷洋捕鯨開始100周年記念シンポジウム開催の記録』㈶日本鯨類研究所，多藤省徳『捕鯨の歴史と資料』より抜粋作成

船式漁業及び工場の臨時作業員2300名を含めて8000名以上を抱えていた。2008年９月に実施したＯ氏への聞き取りによれば，昭和30年代のＡ社には捕鯨船の乗組員で構成されているＡ社捕鯨船員組合，南・北母船式事業と近海基地捕鯨で鯨体処理加工（製油，冷凍処理）を職務としていた常勤社員で構成されているＡ社捕鯨労働組合，そして母船乗組事業員の団体である３つが捕鯨部門の組合としてあったという。[8]

　昭和30年代に存在していた具体的なＡ社捕鯨関連労組として，①Ａ社労働組合（陸上職員，事業部員：南・北母船式捕鯨，近海基地捕鯨），②大型固有船員（全日本海員組合：南・北母船式捕鯨），③Ａ社

捕鯨船員組合（捕鯨船員：独立：南・北母船式捕鯨，近海基地捕鯨），④A社捕鯨労働組合（鯨体処理・加工：独立：南・北母船式捕鯨，近海基地捕鯨）……「加工」とは母船での鯨油，塩蔵品の生産と冷凍船での冷凍鯨肉の生産，また近海捕鯨基地での鯨油，飼肥料の生産，生肉の生産出荷，抹香煎皮生産などの作業を指す。⑤Bクラブ（臨時：全日本海員組合　事業員：南・北母船式捕鯨）があった。このうちBクラブは，南氷洋出漁時の臨時雇用事業員の親睦団体の名称であったが，後に継続雇用の制度もでき，全日本海員組合の親睦団体として確立されていく。

　O氏が委員長を務めていたA社捕鯨労働組合は，全従業員が単一組合に加入し，使用者が組合員以外の労働者を雇い入れることのできない全員加盟が原則のユニオンショップ制度をとり，昭和30年代後半約250名の組合員を抱え，委員長，書記長，職員の3名が専従で東京に駐在し，専従でない執行委員6〜7名と合議制をとっていたという。

　これらA社の組合は，それぞれの組合上部団体に加盟していなかった。O氏によれば，「それぞれの組合判断であった」とのことであるが，「上部団体に加盟していないことで，直接政府や関係省庁との交渉を行う場合もあった」という。また，2008年4月に実施した，かつてA社捕鯨船機関長をされていたB氏への聞き取りによれば，「A社捕鯨船員組合が海員組合に入ってなかったのは，A社労組単独での力が大きかったから」とのことであった。

2 捕鯨従事者の待遇を検証する

1）捕鯨従事者と労働協約などにみる特殊賃金など

　昭和30年代後半，Ａ社とＡ社捕鯨労働組合，Ａ社捕鯨船員組合など（以下，「組合」）は労働協約書を取り交わしている。この労働協約書は，Ａ社と組合の遵守すべき基本的主要事項を定めたもので，原則１年ごとに更新され，総則，組合活動，手当などについて記載されているが，第１章総則第１条には，「この協約に定められていない事項については別に協定するか又は就業規則その他労働条件に関する諸規則において定める」とあり，長期の出漁が前提であった南氷洋捕鯨などでは毎年度出航の前に，表13のような労働条件に関する協定や覚書を取り交わしている。

　2008年９月に，かつて南氷洋に事業部員として出漁されていたＡ社相談役・Ｄ氏へ実施した聞き取りによれば，「出漁前の協定では歩合金（生産奨励金）の協定が最大の交渉で，前年度事業の結果，製品市況，捕獲枠，国内経済情勢などに基づいて決定することになる。最終的には全日本海員組合（対象：大型船員，事業員），捕鯨船員組合の協定とは連動しＡ社労働組合の決定もこのバランスの中にあった」という。表13の第16次南氷洋捕鯨の労働条件に関する協定及び覚書の中では，それぞれ製品の性格が異なることから歩合金を長須鯨と抹香鯨の二本立てとし，その歩合金の算出・支給方法や鯨発見料の分配・支給方法についてＡ社と組合の間で協定している。

　この鯨発見料などは，捕鯨船に乗船した乗組員を対象とした捕鯨従

表13 労働条件に関する協定及び覚書

第16次南氷洋捕鯨の労働条件に関する協定及び覚書（抜粋）

（昭和36年10月14日付）

2. 歩合金は長須歩合金と抹香歩合金とに分ち両船団の生産屯数合算高に応じそれぞれ別表に基き算出の上これを支給する

6. 大型鯨奨励金，曳鯨手当，母船流失鯨収容手当，発見料及び欠員手当については昨年に準じてこれを支給する。但し発見料についてはその2割を甲板長に支給し残余についてはその3割を発見者に残額は甲板部5割その他5割の割合をもって全員に支給する。

別表（捕鯨船員）

長須歩合金		抹香歩合金	
生産屯数	1人平均	生産屯数	1人平均
70,100 屯	309,000 円	2,550 屯	27,000 円
71,900 屯	315,000 円	3,450 屯	33,000 円
73,700 屯	321,000 円	4,350 屯	39,000 円
75,500 屯	327,000 円	5,250 屯	45,000 円

＊出典：A社捕鯨船員組合資料（O氏寄託）より作成

事者の特殊手当ての代表的なものであるといえる。表14の労働協約書別冊の中では，その発見料が，白長須鯨，長須鯨，鰮鯨，座頭鯨，抹香鯨と種別ごとにその金額に差をつけているが，表15の「11 南出漁捕鯨船労動条件文」の中では，鯨発見料は白長須鯨800円，長須鯨その他500円の記述しかない。これは，大型鯨奨励金の支給を含めて，昭和31年当時はBWU換算を背景とした大型鯨類中心の捕鯨であったことに比べ，ザトウクジラが1963／64（昭和38／39）年以降，シロナガスクジラが1966／67（昭和41／42）年以降捕獲禁止となっており，このことが，マッコウクジラなど中型の鯨へ捕獲対象鯨種の主力が移りつつあることへの裏付けであるともいえる。

また，捕鯨船が捕獲した鯨を集め，母船まで鯨体を引っ張っていく

表14　賃金

労働協約書別冊 (昭和36年8月1日付)
第2節　賃金の種類 第8条　1. 基準内賃金 　　　　　　（イ）本給〔略〕 　　　　2. 基準外賃金　歩合金 　　　　3. 特別の勤務ならびに作業に対する賃金 　　　　　　（イ）時間外手当〔略〕，（ヌ）鯨発見料，（ル）曳鯨歩合金， 　　　　　　（ヲ）曳鯨手当，（ワ）共同捕獲歩合金

（別表）賃金表

鯨発見料	1. 白長須鯨	1頭につき　800円	
	2. 長須鯨	1頭につき　600円	
	3. 鰮，座頭鯨	1頭につき　400円	
	4. 抹香鯨	1頭につき　300円	
	発見料は2割を甲板長に支給し残余については発見者に支給する。			
曳鯨歩合金	捕獲船が曳鯨船に鯨を引渡した後24時間以内に捕獲した場合，曳鯨船に曳鯨歩合金を支給する。その金額は所属事業場に於ける屯当り仕切り金額に当該捕獲鯨の生産屯数の2分の1を乗じた額に曳鯨船の歩合金の率を乗じた額とする。			

曳鯨手当	捕獲船が曳鯨船に鯨を引渡した後24時間以内に捕獲しないときは曳鯨船に下記金額を支払う。		
	体長　　　　浬数	50浬未満	150浬未満	150浬以上
	40尺未満	750円	1,500円	2,000円
	40尺以上 55尺未満	1,500円	2,500円	3,500円
	55尺以上 66尺未満	2,000円	3,500円	5,000円
	65尺以上 70尺未満	2,500円	5,000円	7,500円
	70尺以上	3,000円	6,000円	9,000円

共同捕獲歩合金	1. 捕獲船に対しては自船歩合金を支給する。 2. 捕獲援助船に対しては自船歩合金の半額を共同捕獲金として支給する。 本歩合金は支社長，出張所長の査定により支給する。

＊出典：A社捕鯨船員組合資料（O氏寄託）より作成

表15 手当・奨励金など

11 南出漁捕鯨船労働条件文抜粋（昭和31年10月30日付）

8. 大型鯨奨励金として下の通り支給する。

白長須鯨	80 尺以上	1,000 円
白長須鯨	85 尺以上	1,300 円
白長須鯨	90 尺以上	2,000 円
長須鯨	70 尺以上	500 円
長須鯨	75 尺以上	700 円
長須鯨	80 尺以上	1,000 円

9. 捕鯨船が他船の捕獲鯨を曳鯨した場合の曳鯨手当として下の通りこれを支給する。

体　長	30浬未満	30浬以上
80 尺未満	1500 円	2100 円
80 尺以上	1800 円	2400 円

10. 母船流出鯨収容手当

> 母船に引渡された鯨が流出したとき捕鯨船がその収容に協力した場合にはその作業の内容により一船当り 1,000 円を最低として船団長が査定しこれを支給する。但し完全尾羽切れ鯨の場合には一船当り 3,000 円を最低とする。

11. 発見料

白長須鯨	800 円
長須鯨その他	500 円

表16　作業員就業規則

> 捕鯨作業員就業規則　　　　　　　　　（昭和35年8月1日付）
> 第10章　給与
> 第41条　1 本給〔略〕　13 龍涎香採取奨励金
>
> （龍涎香採取奨励金）
> 第62条　鯨体処理中龍涎香を採取したときは当事業所に所属する捕鯨作業員に対し奨励金を支給する。

＊出典：A社捕鯨船員組合資料（O氏寄託）より作成

昭和30年代の捕鯨労組資料に見る捕鯨従事者の待遇について

ことを専門に行っていた曳鯨について，表14の賃金表に出てくる曳鯨歩合金や曳鯨手当てがあるが，この手当てが出されていた背景についての記述が，佐藤金勇氏著『南氷洋出稼ぎ捕鯨』の中にある。それによれば，「捕獲頭数によって奨励金に差がつくと，鯨を発見しても隠したうえ，解体作業や鮮度保持の関係から捕鯨を中止して曳鯨するようにとの事業部指示に従わず，曳鯨船からの不満も出た」とあり，捕鯨において当時重要な裏方作業でもあった曳鯨の手当てを出すことによって，船団全体の作業効率の向上をはかっていたのではないかと推測される。

　捕鯨従事者の手当ての中でも，その特殊性の最たるものが，表16の捕鯨作業員就業規則にある龍涎香採取奨励金である。小松正之氏著の『クジラその歴史と科学』によれば，龍涎香とは抹香鯨の大腸から採取される固形物であり，イカの嘴などが核となった一種の結石でその形成については不明な部分も多い。古来香料として使用され，その希少性から非常に価値のあるものである。また，2008年9月に実施したD氏への聞き取りによれば，「ナガスクジラからの製品は，長須油，冷凍鯨肉，塩蔵鯨肉，その他。マッコウクジラからの製品は，抹香油，塩蔵品，抹香歯，その他。また，鯨発見料は捕鯨船員が対象だが，母船などの大型船員が当直時の鯨発見もある」という歩合金に連動する要素がいくつか存在していたこともわかった。

　2）他会社，他業種などの比較による待遇の検証

　それでは，A社とそれ以外の捕鯨会社では，歩合金などの額にどの程度の差があったのであろうか。私が2000年にかつての三大捕鯨会社であったマルハ（旧大洋漁業㈱，現㈱マルハニチロホールディングス），㈱極洋に聞き取りを行ったが，両社とも「商業捕鯨時の資料に

ついては全て廃棄処分し、社史しか残っていない」という回答であったため、比較するための裏付け資料がなく詳細な比較ができなかった。しかし、O氏が鯨資料室に寄託した資料の、1963年2月8日付「A社労報」の中に、表17のとおり水産5社の職員初任給、入社後5年後推移、モデル賃金など資料が掲載されており、これが各会社間の差額

表17 職員初任給と入社後5年後の推移、30歳モデル賃金　　　（単位：円）

		日水	大洋	日冷	日魯	極洋
大学卒	初任給	17,550	17,850	17,160	16,000	17,000
	5年目	27,330	27,100	25,230	23,600	22,700
	30歳モデル賃金	32,530	33,530	33,183	28,200	27,800
高卒女子	初任給	11,570	11,700	10,010	10,000	10,000
	5年目	15,080	16,600	12,540	14,000	13,600
	30歳モデル賃金	20,150	24,050	16,735	−	−
高卒男子	初任給	11,570	11,700	11,550	11,550	11,000
	5年目	17,600	16,600	16,500	16,500	17,000
	30歳モデル賃金	30,190	29,700	28,578	24,480	−

＊出典：「A社労報」1963年2月8日，第58号より作成

表18 第16次南氷洋各社捕獲頭数（BWU換算）

会社名	船団名	捕獲頭数
大洋漁業	日新丸	1,004.5
	第二日新丸	904.0
	第三日新丸	953.5
大洋小計		2,862.0
日本水産	図南丸	1,051.1
	第二図南丸	857.1
日水小計		1,908.2
極洋	第二極洋丸	830.5
	第三極洋丸	973.5
極洋小計		1,804.0
総計		6,574.2

＊出典：多藤省徳『捕鯨の歴史と資料』水産社，p175より作成

の手がかりとなる。

　この表によれば，三大捕鯨会社の中で初任給，その後の賃金増加などの推移を見ると大洋漁業が最も賃金が高く，日水，極洋と続くが，それは表18のとおり南氷洋に送った船団数，鯨の捕獲数に比例している。これは捕鯨の実績及びそれに伴う鯨肉・鯨油などの生産高により，従事者の賃金に反映されるものとなっている。この件について同じくＤ氏へ聞き取りを行ったところ，「陸上職員の賃金は一般的に世間相場と各社の支払い能力によって決定され，この時代各社にとって捕鯨事業は重要な事業ではあるが，陸上職員の従事者はわずかである。大洋漁業は各社組合が大洋に追い付くことを目標にした程賃金は高く，陸上組合も強力であった。しかし，この差が捕鯨事業の規模によるもので，全従業員の賃金に反映されるとはいえないのではないか」という見解をいただいた。

　また，表19のＡ社従業員平均賃金を，表20の1961（昭和36）年『家計調査年報』の勤労者世帯1カ月あたりの実収入と比較すると，陸上職員，現業員ともにかなり低い水準に抑えられていることがわかる。一方，表21の労働省大臣官房統計調査部編『労働統計年報1961（昭和36）年版』によれば，500人以上の事務所で1人当たりの平均月間現金給与額は，総数・男女平均31,621円，食料品製造業平均27,030円，船員（汽船）職員平均30,014円となっている。これらを比較していくと，他業種と比較しての船員の待遇も平均水準と比較して低いものとなっているが，南洋洋捕鯨従事者には月給とは別に歩合金として月給数カ月分のまとまった手当てが入ってくることを考慮すると，これを加えてようやく平均水準程度となる。

　同じくＯ氏への聞き取りによれば，協定や覚書で締結された歩合金や奨励金は南氷洋から帰港後一括して本人に支払われ，その額は歩合

表19　A社従業員平均賃金

		平均賃金（円）	平均年齢（歳）	平均勤続（年）
職員	男	32,999	31	9.2
	女	14,095	22.3	3.5
	計	28,328	28.6	7.7
現業員	男	14,283	23.69	3.6
	女	8,309	17.9	1.2
	計	10,062	19.6	1.9
合計		15,021	22.3	2.9

＊出典：「A社労報」1963年2月8日，第58号より作成

表20　勤労者世帯の1カ月あたりの実収入

平均	45,134円
世帯主の産業別	収入（円／月）
鉱業	59,413
建設業	47,454
製造業	54,461
卸売小売業	49,550
金融・保険業	69,484
不動産業	48,625
公益事業	61,506
サービス業	64,848
公務	63,428
その他	34,117

＊出典：総理府統計局『家計調査年報』1961（昭和36）年より作成

表21　月間現金給与額の比較

500人以上の事業所（総数）	31,621円
500人以上の食料品製造業事業所	27,030円
船員（汽船）職員（31.5歳，平均経験年数11.4年）	30,014円

＊出典：労働省大臣官房統計調査部編『労働統計年報1961（昭和36）年版』より作成

昭和30年代の捕鯨労組資料に見る捕鯨従事者の待遇について

金だけで月給の約4～5倍であったという。また，B氏への聞き取りによれば，「1957（昭和32）年，巨人・長嶋の年俸が300万円であったとき，年間の歩合金が380万円の者がいた」と，捕鯨従事者の中には破格の待遇者もいたという証言もあった。

一方O氏によれば，捕鯨従事者は半年以上家族と離れた上，捕鯨が始まれば狭い船内で3交代制による24時間の労働となり，睡眠時間も

3時間程度しかとれない過酷な労働を強いられ，体を壊す者も多かったという。その上，船員は歴然とした階級社会であり，上級船員（船長，士官級）と下の乗組員との差は待遇面においても顕著であったという。「南氷洋に１度行けば家が建った……」という捕鯨ＯＢの逸話は上級船員の戦前の話であり，多くの乗組員や現場の捕鯨事業員は歩合金をもらっても，その過酷な労働の対価に見合うものではなかったという。

　この件に関してＤ氏へ聞き取りをしたところ，「表19は海上従業員（Ａ社捕鯨船員労働組合員・Ａ社捕鯨労働組合員）を対象とせず，陸上組合員のデータではないか。当時は陸上と海上の月額賃金は同学歴同賃金がベースであったが，海上は全日本海員組合ベースで比較的高位であった。また乗船中は乗船手当，航海手当（非課税）などがあり基準月額は高く，その他に歩合金があって低い報酬ではなかった。また，臨時事業員は季節労働型が多く冬期は南氷洋，夏期は地場の漁業や農業と，近隣の農漁業専業者に比して収入面では大幅に多かった。捕鯨労働組合員の主たる出身地である長崎，五島列島の有川地区での税収は町役場のデータによれば捕鯨事業員によるところが多かったようだ」という見解もいただいた。今後も，経営，現場の両サイドより幅広い聞き取りを実施して，待遇面での検証を行っていきたい。

　また，Ｏ氏の聞取りの中で，1950（昭和25）年春の帰港時，厳しい経営状況を理由に歩合金が払われなかったため，本社と交渉した結果，日水の株式１株43円を41円で渡して支払ったこともあったという。この件に関してＤ氏へ聞き取りを行ったところ，「昭和25年当時Ａ社は事業の大半を失い再建途上，一方従業員は外地引揚げ，復員者も多く非常に苦境にあり25％の人員削減をせざるを得ない状況で，南氷洋の出漁資金の調達が困難な状況にあった」という。Ｏ氏の記憶では，

「歩合金などの交渉は延びた場合でも出航前の晩ぎりぎりまで行い，会社との協定・覚書が出航に間に合わなかったことはない」とのことであったが，B氏の聞き取りでは，「1962（昭和37）年頃ストライキが2回実施され，大阪港に足止めされた船団が1日に支払った係留費用などが約2千万円」であったという。これらの証言から推測すると，捕鯨従事者にとって歩合金も生活給の一部でしかなく，組合交渉は生活のための賃金・歩合金獲得の闘争でもあったことがうかがえる。

一方，B社漁業労働組合編集の「B社労報」103号によれば，第18次南氷洋捕鯨における捕獲頭数枠が世界で1万頭と規制されたことによる大洋漁業の捕獲割当頭数削減が事業採算面に影響を及ぼし，乗船職員の削減（1パート1～2名の削減），出漁期間の長期化（190日以上），1日の労働時間の長時間化（12時間協定が16～18時間）につながっているとの指摘がなされている。これから，鯨資源の減少，国際規制の強化，経営維持のための会社側の経費削減の間に挟まれた捕鯨事業員の苦悩が垣間見える。これより遡ること2年前の総理府統計局編『家計調査年報1961（昭和36）年版』によれば，昭和34，35年に引き続き昭和36年の日本経済は一段と規模を拡大し，国民総生産は実質15％増大となり勤労者世帯の実収入は高水準の上昇をたどったが，消費者物価の高騰も激しく実質での生活水準は伸び悩みを示していることが記載されている。O氏への聞き取りでも，昭和30年代後半になると20年代まで捕れていたシロナガスクジラは捕れなくなり，母船の人員も450名から250名程度に減らされていく。そのことは，鯨体の解体時に骨についている鯨肉を，ナイフでそぎ落としてまで確保するという事例にみられるような，歩留まり向上への取組みに繋がるものの，捕鯨産業そのものが衰退の道を辿りつつあったことは，誰しも認めざるを得ない状況となってくる。

3　捕鯨従事者の待遇から見えてくるもの

　昭和30年代に世界一の捕鯨国となった日本。しかし，その時既に鯨類の資源量はシロナガスクジラなどの大型鯨類を中心に減少し，それとともにＩＷＣ（国際捕鯨委員会）では大型鯨類の捕獲禁止が次々と決定し，捕鯨を取り巻く国際情勢は厳しさを増していく。そのような中，厳寒の南氷洋で半年以上にわたり家族と離れ，厳しい環境にもめげず戦後のこの時期の蛋白源の確保と日本の復興をかけて，命がけで捕鯨に従事されてきた多くの従事者がいた。捕鯨という大型海産哺乳類の鯨を捕獲するという特殊な業務に従事されてきた方の，待遇や労働条件などはあまり表に出てくることはなかった。

　本書では，膨大な捕鯨組合関係資料よりほんの一部の捕鯨従事者の待遇についての検証を行ったに過ぎない。今後この組合資料を更に検証することで，捕鯨従事者の待遇面に関する新たな知見が出てくる可能性を秘めている。しかし，今回Ａ社の名称及び下関市立大学鯨資料室に捕鯨労組関連資料を寄託された方の氏名については対外的に明らかにすることができなかった。そのことは，我が国における鯨産業史の一端を明らかにしたいという本書刊行の大きな趣旨からすれば，極めて残念である。

　鯨を取り巻く厳しい国際情勢に加え，過去の資料とはいえ民間会社の内部資料が社外に出ることや，捕鯨従事者待遇面の検証が十分にできないまま本書が刊行されることへの懸念等諸事情により，やむなきに至った。このことについて，関係各位にお詫びするとともに，将来的に我が国が商業捕鯨を再開できる暁には，本書が商業捕鯨従事者に

対するその従事者への待遇面での参考になればという思いを抱きつつ筆を置きたいと思う。

昭和30年代の捕鯨労組資料に見る捕鯨従事者の待遇について

【注】
（１）福岡商業学校は1900（明治34）年４月22日開校。戦後の昭和23年，福岡市立福岡商業学校となる。
（２）『もういちど読む山川日本史』によれば，関東洲は遼東半島南西端にあった日本の租借地で，1905（明治38）年，日露講和条約により日本の支配化に入ったが，第二次大戦後ソ連が占領し，1950年に中国に返還される。明治初年，朝鮮を開国させた日本は朝鮮を属国とみなしていた清国と対立し，1894（明治27）年，日清戦争が始まる。日清戦争に勝利した日本は1895（明治28）年，日清講和条約（下関条約）を締結，①朝鮮の独立，②遼東半島・台湾・澎湖諸島の割譲，③賠償金２億両の支払い，④杭州・蘇州・重慶・沙市の開港を認めた。1897（明治30）年，朝鮮は国号を大韓帝国と改めたが，ロシア政府が韓国に対する日本の軍事的・政治的支配権を認めないことで満州から撤兵しないロシアに対して1904（明治37）年，日露戦争に発展した。1905（明治38）年，アメリカを仲介とした日露講和条約が締結され，ロシアは日本に①韓国における日本の支配権の全面的承認，②旅順・大連の租借権及び長春・旅順間の鉄道権益の譲渡，③南樺太の割譲，④沿海州の漁業権を約束。日本政府は1910（明治43）年，韓国併合を行い韓国を日本の領土とし，朝鮮総督府を置いて植民地支配を始めた。また1906（明治39）年，旅順に関東都督府を置くと共に南満州鉄道（満鉄）を設立して南満州の経営を進めた。
（３）708（和銅元）年から963（応和３）年にかけて，日本で鋳造された12種類の銅銭の総称である。
（４）アオヤギ貝の剥き身。それらを売る行商は，あきない人と呼ばれていた。
（５）ノートに購入物品を記入し，俸給日当で支払うこと。
（６）日本水産㈱，大洋漁業㈱，㈱極洋，日本捕鯨㈱，日東捕鯨㈱，北洋捕鯨㈲６社の捕鯨部門を集約し設立。資本金30億円　捕鯨母船３隻，捕鯨船20隻，従業員陸上100名，海上1,400余名，人日本水産会長の藤田巌が社長として就任したが，捕鯨を取り巻く国際情勢の悪化と資源の減少などにより，設立から79年までの３年間に人員を49％に削減した。
（７）第15次南氷洋捕鯨（昭和35〜36年漁期）に出漁した７船団の内訳は日本水産㈱（図南丸，第二図南丸），大洋漁業（日新丸，第二日新丸，錦城丸），㈱極洋捕鯨（第二極洋丸，第三極洋丸）。日本以外の船団は，ノルウェー８，ソ連３，イギリス２，オランダ１であった。

（8） A社には，陸上職員，現業，大型船組合，北洋親和会，戸畑，長崎（底曳）にも捕鯨以外の労働組合があった。
（9） シロナガスクジラ換算単位（Blue Whale Unit）の略。シロナガスクジラ1頭分は，ナガスクジラでは2頭，ザトウクジラでは2.5頭，イワシクジラでは6頭分に該当する。

【参照文献】
アクロス福岡文化誌編纂委員会編『アクロス福岡文化誌2　ふるさとの食』海鳥社，2008
樋口清之ほか監修『味のふるさと⑬　福岡の味』角川書店，1978
香春町『香春町史上巻』2001
香春町郷土史会編『香春町歴史探訪』香春町教育委員会，2003
香春町郷土史会編『郷土史誌かわら　第六十二集』香春町教育委員会，2006
岸本充弘『関門鯨産業文化史』海鳥社，2006
岸本充弘「関門地域における鯨産業・鯨文化形成メカニズムの一考察——その将来展望を視野に入れて」北九州市立大学大学院社会システム研究科博士論文，2006
北九州市『北九州市中央卸売市場史』1976
極洋捕鯨㈱『極洋捕鯨30年史』1968
鯨船会「捕鯨船第14号」1992
楠　喜久枝『福岡県の郷土料理』同文書院，1984
楠本　正「二，福岡の捕鯨」，『玄海のくじら捕り——西海捕鯨の歴史と民俗』佐賀県立博物館，1980
小松正之『クジラその歴史と科学』ごま書房，2003
佐藤金勇『南氷洋出稼ぎ捕鯨』無明舎出版，1998
柴　達彦『クジラへの旅』葦書房，1989
白水晴雄『博多湾と福岡の歴史』梓書院，2000
総理府統計局『家計調査年報1961（昭和36）年版』1961
大洋漁業㈱『大洋漁業80年史』1960
大洋漁業労働組合「大洋労報103号」1963
武野要子『福岡商工会議所ニュース「福博商工史話2号」』福岡商工会議所
東洋捕鯨㈱『明治期日本捕鯨誌』マツノ書店復刻版，1989

徳見光三『長州捕鯨考』関門民芸会，1972
鳥巣京一「鯨組主益富家と福岡藩」『福岡県地域史研究　第3号』所収，1984
鳥巣京一『西海捕鯨の史的研究』九州大学出版会，1999
鳥巣京一「西海捕鯨小史」『FUKUOKA STYLE vol12　西海の捕鯨』所収
鳥巣京一『ふくおか歴史散歩　第6巻』福岡市，2000
富岡直人・屋山洋「人と動物のかかわりを博多遺跡群に探る」『市史研究ふくおか　第3号』所収，福岡市博物館市史編纂室，2008
仲村清司『ニッポンぶらぶら見聞録　大陸風が染みている宵っぱり食都　博多のススメ』㈱双葉社，2003
西日本新聞社経済部編『人物中心に見た西日本産業変遷記』文画堂，1959
西日本文化協会「西日本文化過巻　第78号」1972
日本水産㈱『日本水産50年史』1961
日本水産㈱『日本水産70年史』1981
日本捕鯨協会『捕鯨業と日本国民経済との関連に関する考察』1980
農山漁村文化協会『聞き書福岡の食事』1987
日野浩二『鯨と生きる　長崎のクジラ商日野浩二の生涯』㈱長崎文献社，2005
博多山笠振興会『博多山笠記録』1978
福岡県『福岡県史　通史編　近代　産業経済（二）』2000
福岡市『福岡市史　第11巻　昭和編続編（三）』1992
福岡市『福岡市史　第4巻　昭和前編（下）』1966
福岡商業学校学友会誌特別号「博多研究号　第58号」1930
福岡市中央魚市場㈱『福岡市中央魚市場㈱五十年史』1999
福岡日日新聞社『西日本産業要覧』1937，p35
松田博久，岡野政一「下関における鯨」「関門地方経済調査　第5輯」所収，市立下関商業学校，1932
宮木常一『塩の道』講談社，1985
安川　嶄『ふくおか歴史散歩　笰3巻』福岡市，1987
『もういちど読む山川日本史』山川出版社，2009
柳　猛直『福岡歴史探訪　東区編』海鳥社，1995
労働省大臣官房統計調査部『労働統計年報1961（昭和36）年』1961

おわりに

　1987（昭和62）年に商業捕鯨が一時停止され，既に20年以上の歳月が流れている。我が国では，ＩＷＣ（国際捕鯨委員会）管理対象外の小型鯨類を対象とした沿岸・小型捕鯨や，南極海，北西太平洋での調査捕鯨が行われているとはいえ，その流通量は激減，価格は高騰し，鯨のまちである福岡・博多や下関，北九州といえどもその消費量は減り，鯨食文化は若い世代にはなじみの薄いものとなりつつある。

　日本人の伝統的食文化である鯨食文化を守り次世代に引き継ぐためには，ささやかであるけれども，立ち止まって過去を振り返り，伝統は受け継ぎながら次につなぐための新しい捕鯨の形や，鯨食のあり方を模索する必要があると思う。本書に掲載した３つのテーマは，鯨という共通テーマでつながってはいるものの，決して過去だけを振り返るものだけではなく，過去から見えてくるものを将来にどのように生かすのか，多くの方に考えていただきたいという問題提起を行ったつもりである。そのようなきっかけに本書がなれば幸いである。

　最後に，本書出版に当たって，窓口になっていただいた前海鳥社編集長の別府大悟氏，その後を引き継いで本書出版を引き受けていただいた海鳥社の西俊明代表取締役社長に謝意を表したい。

　平成23年３月

岸本充弘

岸本充弘（きしもと・みつひろ）
1965年、山口県下関市生まれ。北九州市立大学大学院社会システム研究科博士後期課程修了。博士（学術）。下関市新水族館建設推進室、IWC（国際捕鯨委員会）下関会合準備事務局、㈶日本鯨類研究所情報文化部派遣、公立大学法人下関市立大学派遣等を経て現在、下関市農林水産部水産課総務係長、下関市立大学付属地域共創センター委嘱研究員（鯨資料室担当）、同大学鯨資料室アドバイザー。著書に『下関クジラ物語』（共著、下関くじら食文化を守る会）、『関門鯨産業文化史』（海鳥社）ほか。

下関から見た福岡・博多の
鯨産業文化史

∎

2011年4月3日　第1刷発行

∎

著者　岸本充弘
発行者　西　俊明
発行所　有限会社海鳥社
〒810-0072 福岡市中央区長浜3丁目1番16号
電話092(771)0132　FAX092(771)2546
http://www.kaichosha-f.co.jp
印刷・製本　九州コンピュータ印刷
ISBN978-4-87415-814-2
［定価は表紙カバーに表示］

海鳥社の本

新編 漂着物事典 海からのメッセージ　　石井　忠

玄界灘沿岸から日本各地，さらに海外にまでフィールドを広げ，歩き続けた30年。漂着・漂流物，漂着物の民俗と歴史，採集と研究，漂着と環境など，関連項目を細大漏らさず総覧・編成した決定版！

Ａ５判／408頁／上製　　　　　　　　　　　　　　　　　　2刷▶3800円

北九州の100万年　　　米津三郎監修

九州の東北端に位置し，本州との接点として古代以来要衝の地であった北九州。地質時代からルネッサンス構想の現代まで，最新の研究成果をもとに斬新な視点で説き明かすその歴史。執筆者＝中村修身，有川宜博，松崎範子，合力理可夫

四六判／282頁／並製　　　　　　　　　　　　　　　　　　2刷▶1456円

アクロス福岡文化誌
アクロス福岡文化誌編纂委員会編　　福岡県の豊かな文化や風土　"ふるさとの宝物"をビジュアルに紹介

1 街道と宿場町

道がつなぐ人・文物・情報。それらが地域の伝統と結びつき，各村・町には独自の文化が生まれた──。県内を通る主要街道と宿場町を網羅した歴史ガイド。江戸時代の旅姿や紀行文，絵図なども紹介。

Ａ５判／160頁／並製／2刷　　　　　　　　　　　　　　　　　　1800円

2 ふるさとの食

福岡県内の郷土料理を一挙紹介！　現代に伝わる料理・食材の由来や調理法から，祭りや行事と食の関係，古代の食や江戸時代の食，昔懐かしい調理器具まで，ふるさとの食文化を総覧する。

Ａ５判／144頁／並製　　　　　　　　　　　　　　　　　　　　1800円

3 古代の福岡

倭人伝に登場するクニグニから，沖ノ島や装飾古墳，「遠の朝廷」大宰府まで──最新の調査・研究成果を踏まえ，各地の研究者・文化財担当者が「古代のふくおか」を案内する。遺跡・遺物などの写真も多数掲載。

Ａ５判／176頁／並製　　　　　　　　　　　　　　　　　　　　1800円

4 福岡の祭り

多くの観光客を集める賑やかな祭り，古式ゆかしい素朴な祭り，肉弾がぶつかり合う勇壮な祭り，優れた技を伝える民俗芸能……四季折々に繰り広げられる，県内各地の伝統的な祭り・民俗芸能の由来や見所を紹介。

Ａ５判／160頁／並製　　　　　　　　　　　　　　　　　　　　1800円

5 福岡の町並み

歩いてみたい，残していきたい，美しい町並み。白壁の屋敷が連なる商家の町，山間に佇む城下町，中世からの賑わいを伝える門前町，日本の近代化を支えた炭鉱町……県内に残る伝統的町並みの歴史と見所を紹介。

Ａ５判／160頁／並製　　　　　　　　　　　　　　　　　　　　1800円

＊価格は税別